PATOLOGÍA DE LA CONSTRUCCIÓN

Andersson Rincón Molina

Copyright © 2021 Andersson Rincon Molina

Todos los derechos reservados.

ISBN: 9798732800661

DEDICATORIA

Dedico el presente trabajo a Dios, el Arquitecto, Ingeniero y Constructor del universo y el destino, a mi Familia, a mis Amigos, a mi País, a la Asociación Movimiento Nacional Cimarrón por la lucha de los derechos y valores de las comunidades afrodescendientes, a la empresa donde laboro, a mis profesores y a todo aquel que interviene directa e indirectamente en mi vida contribuyendo con mi desarrollo personal, profesional y social en el largo camino de mi destino los cuales son a quienes debo corresponder contribuyendo con su desarrollo y bienestar al culminar mi carrera profesional.

1. Tabla de contenido

1. Tabla de contenido v
2. Lista de figuras x
3. AGRADECIMIENTOS xv
4. INTRODUCCION 1
5. JUSTIFICACIÓN 2
6. OBJETIVO GENERAL 3
7. OBJETIVOS ESPECÍFICOS 3
8. CAPITULO 1: 4
9. COMPONENTES Y REQUISITOS MINIMOS QUE DEBE CONTENER UN ESTUDIO PATOLOGICO DE UNA EDIFICACION. 4
10. LESIÓN 4
   1.0   LESION FÍSICA 5
   1.1   LESION QUÍMICA 5
   1.2   LESION MECÁNICA 6
11. CAPITULO 2: 7
12. TIPOS DE ESFUERZOS EN ESTRUCTURAS 7
   1.3   ESFUERZO DE TRACCION 7
   1.4   ESFUERZO DE COMPRENSIÓN. 8
   1.5   ESFUERZO CORTANTE O DE CORTE 8
   1.6   ESFUERZO DE TORSION 9
   1.7   ESFUERZO DE FLEXIÓN 9
13. CAPITULO 3: 10
14. TIPOS DE FISURAS EN ESTRUCTURAS 10
   1.8   FISURAS POR TRACCION Y FLEXION 10
   1.9   FISURAS POR TRACCIÓN PURA 10
   1.10   FISURAS POR FLEXIÓN PURA 10
   1.11   FISURAS POR CORTANTE 12
   1.12   FISURAS POR TORSIÓN 14
   1.13   FALLA POR FLEXIÓN EN VIGAS DE CONCRETO 14
   1.14   FALLA POR CORTANTE EN VIGAS DE CONCRETO REFORZADO 15
   1.15   FALLA POR ADHERENCIA DEL BLOQUE DE UNIÓN EN LAS CONEXIONES VIGA-COLUMNA DEBIDA AL DESLIZAMIENTO DE LAS VARILLAS ANCLADAS O A FALLA DE CORTANTE. 15
   1.16   FLEXIÓN Y CORTANTE EN VIGAS DE CONCRETO REFORZADO 16

1.17   FALLAS POR CORTANTE..17
1.18   SEMIEMPOTRAMIENTO EN APOYO DE LOSA EN MURO.17
1.19   FALLAS DEBIDO A DISPOSICIONES INCORRECTAS DE ARMADURAS..18
1.20   FISURAS POR ASENTAMIENTO. 20
1.21   FALLOS POR ESFUERZO DE FLEXIÓN........................21
1.22   FISURACIÓN LONGITUDINAL EN VIGAS Y VIGUETAS DEBIDA A ESFUERZOS DE COMPRESIÓN..............................22
15. CAPITULO 4:...24
16. TIPOS DE JUNTAS DE DILATACION, JUNTAS SISMICAS, JUNTAS DE EXPANSION, JUNTAS DE CONSTRUCCION................24
   1.23   JUNTAS DE CONTRACCIÓN:...25
   1.24   JUNTAS DE AISLAMIENTO: 25
   1.25   JUNTAS DE CONSTRUCCIÓN: 25
17. FACTORES DETERMINANTES EN LAS JUNTAS DE CONSTRUCCIÓN..26
18. JUNTAS DE CONSTRUCCIÓN Y CONTRACCIÓN 26
   1.26   JUNTAS EN LOSAS..26
   1.27   JUNTAS EN VIGAS 28
   1.28   JUNTAS EN MUROS Y COLUMNAS 28
19. CAPITULO 5:...36
20. TIPOS DE ENSAYOS DESTRUCTIVOS Y NO DESTRUCTIVOS...36
   1.29   ENSAYOS DESTRUCTIVOS 36
      COMPRESION 37
      CIZALLADURA 38
      TRACCION..38
      TORSION 39
      FLEXION 39
      PLEGADO..40
      FATIGA 40
      RESISTENCIA AL CHOQUE 41
   1.30   ENSAYOS NO DESTRUCTIVOS...41
      LIQUIDOS PENETRANTES 43
      ESCLEROMETRIA 43
      VELOCIDAD DE PROPAGACION......................................44
      RESONANCIA 44
      METODOS MIXTOS 45
21. CAPITULO 6:...46
22. RESUMEN ENCICLOPEDIA BROTO DE PATOLOGIAS DE LA CONSTRUCCION PAG. 31 A 37. 46

23. INTRODUCCION Y DEFINICIONES 46
24. PATOLOGIAS CON STRUCTIVAS Y PROCESOS
PATOLOGICOS 46
   1.31   LESIONES 47
   1.32   LESIONES FISICAS 47
   1.33   LESIONES MECANICAS 47
   1.34   LESIONES QUIMICAS 47
   1.35   CAUSAS DE LA LESION 48
25. INTERVENCIONES SOBRE LESIONES 48
   1.36   REPARACION 48
   1.37   RESTAURACION 48
   1.38   REHABILITACION 49
   1.39   PREVENCION 49
26. CAPITULO 7: 50
27. DESCRIPCION DE PROCESOS E INTERVENCIONES DE LA
PATOLOGIA DE LA CONSTRUCCION. 50
   1.40   Acción del Hielo sobre los Ladrillos 50
   1.41   Alabeo 50
   1.42   Aluminosis 51
   1.43   Ampollamiento 51
   1.44   Ataques de los Sulfatos a los Morteros 52
   1.45   Atracción Capilar 52
   1.46   Caliche 52
   1.47   Capilaridad 53
   1.48   Comba 53
   1.49   Corrosión 53
   1.50   Corrosión de Armaduras en el Hormigón Armado 54
   1.51   Defectos en Revestimientos Continuos 54
   1.52   Fisuras 54
   1.53   Fisuras o Grietas Escalonadas en Redientes 54
   1.54   Fisuras Ramificadas 55
   1.55   Fisuras en Forma Cuarteada 55
   1.56   Desprendimientos del Revestimiento 55
   1.57   Deformabilidad del Terreno 55
   1.58   Deformaciones del Material 56
   1.59   Degradación 56
   1.60   Degradación del Material 56
   1.61   Deslizamiento del Terreno 57
   1.62   Desplome 57
   1.63   Desprendimientos de Material 57
   1.64   Eflorescencias 58
   1.65   Fisuras 58

1.66	Fisuras en el Hormigón	58
1.67	Fisuras en Fábricas	59
1.68	Flecha	61
1.69	Grietas	61
1.70	Hendiduras	61
1.71	Humedad Accidental	62
1.72	Humedad Capilar	62
1.73	Humedad de Construcción	62
1.74	Humedad de Obra	62
1.75	Humedad en la Construcción	62
1.76	Humedad por Condensación	62
1.77	Humedad por Filtración	63
1.78	Hundimiento de Muros de Contención	63
1.79	Lesiones Químicas	63
1.80	Longitud Libre de Pandeo	64
1.81	Longitud Virtual de Pandeo	64
1.82	Mal de la Piedra	64
1.83	Manchas	64
1.84	Patología	64
1.85	Patología de la Madera	65
1.86	Patología de las Cubiertas	65
1.87	Patología de las Pinturas y Barnices	67
1.88	Patologías en Ladrillos	67
1.89	Patologías en Pavimentos Asfálticos	68
1.90	Acción del agua	69
1.91	Electroósmosis	69
1.92	Entizamiento	69
1.93	Erosión del Material	70
1.94	Patologías en Puentes	71
1.95	Patologías originadas por Instalaciones	74
1.96	Patologías por Acciones Sísmicas	75
28.	DAÑOS EN ESTRUCTURAS DE HORMIGÓN ARMADO	76
1.97	Daños Directos	76
1.98	Daños en Elementos Verticales	76
1.99	Daños en Elementos Horizontales	77
1.100	Daños Indirectos	77
1.101	Patologías por problemas en Cimientos	78
1.102	Recalces	80
1.103	Testigo	82
1.104	Testigo de Vidrio	83
1.105	Testigo de Yeso	84
1.106	Daños en elementos no estructurales	85

1.107 Fisuras en tabiquería o en cerramientos que apoyan sobre elementos estructurales. 85
1.108 Fisuración o rotura de tabiques, ventanales, etc sobre los cuales apoyan elementos estructurales. 88
1.109 Fisuras en voladizos. 88
1.110 Grietas o rotura en solerías o pavimentos 89
1.111 Incidencia del factor térmico como origen de las patologías en una edificación 91
1.112 Agresividad del suelo a estructuras de cimentación 94
1.113 Patologías por arcillas expansivas. Naturaleza y comportamiento 95
29. ARCILLAS EXPANSIVAS. NATURALEZA Y COMPORTAMIENTO 97
30. CAPITULO 8: 98
31. EJEMPLO DE ESTUDIO PATOLOGICO DE UNA VIVIENDA: 98
32. INFORME VISITA Y RECORRIDO A EDIFICACIONES 98
Nombre del predio: VIVIENDA FAMILIA CASTILLO MOLINA . 98
1.114 LESION FISICA DEBIDO A HUMEDAD DETECTADA. 99
1.115 LESION QUIMICA Y MECANICA DEBIDO A OXIDACIONES Y CORROSIONES, EFLORESCENCIAS, DESPRENCIMIENTO Y EROSIONES MECANICAS. 101
1.116 LESIÓN QUÍMICA DEBIDO A EROSIONES 104
33. CAPITULO 9: 106
34. HERRAMIENTAS Y EQUIPO BÁSICO PARA REALIZAR UN ESTUDIO PATOLÓGICO 106
1.117 FISURÓMETRO 106
1.118 CÁMARA FOTOGRÁFICA 107
1.119 FLEXÓMETRO 107
1.120 MEDIDOR LÁSER DE PRECISIÓN 108
1.121 CALIBRADOR DE VERNIER Ó PIE DE REY 108
1.122 CALCULADORA CIENTÍFICA 109
1.123 BRÚJULA 109
1.124 NIVEL DE MANO 110
1.125 LINTERNA 110
1.126 LUPA 111
1.127 ENCENDEDOR 111
1.128 FERRO ESCANER 112
35. Conclusión 113
36. Recomendaciones 114
37. Bibliografía 115

38. Webgrafía de apoyo 116
39. Anexos.. 117
40. Apéndice 118
41. Acerca del Autor 119

2. Lista de figuras

Imagen 1. Fisuras por flexión pura. 11
Imagen 2. Fisura por flexión. 12
Imagen 3. Fisuras y grietas por cortante.. 13
Imagen 4. Fisuras y grietas por torsion. 14
Imagen 5. Falla por tensión diagonal producida por cortante en vigas. 15
Imagen 6. Desconchamiento del concreto en unión viga-columna. 16
Imagen 7. Falla por flexión en vigas de concreto. 17
Imagen 8. Fallas por cortante. 17
Imagen 9. Semiempotramiento en apoyo losa muro................................. 18
Imagen 10. Disposición incorrecta de aceros de refuerzo......................... 18
Imagen 11. Fisuracion por falta de solape en armadura de negativos. 19
Imagen 12. Solape inadecuado en armadura de positivos. 19
Imagen 13. Fisuras por asentamiento. 20
Imagen 14. Fisuras por retracción, asentamiento plástico......................... 20
Imagen 15. (a)Fisuras por tracción, (b) compresión y (c) cortante. 21
Imagen 16. Fisuras por tracción. 21
Imagen 17. Rotura de vigas por fisuración.. 22
Imagen 18. Fisuras por cortante. 23
Imagen 19. Ejemplo Pobreta de acero... 36
Imagen 20. Ejemplo Probetas de concreto. 37
Imagen 21. Ejemplo Ensayo Concreto compresión. 37
Imagen 22. Ejemplo Ensayo Acero tracción. 37
Imagen 23. Ensayo de compresión concreto. 38
Imagen 24. Ensayo de cizalladura.. 38
Imagen 25. Ensayo de tracción del acero. 39
Imagen 26. Ensayo de torsion. 39
Imagen 27. Ensayo de flexión. 40
Imagen 28. Ensayo de plegado.. 40
Imagen 29. Ensayo de fatiga.. 41
Imagen 30. Ensayo de resistencia al choque... 41
Imagen 31. Grupos de ensayos no destructivos. 42
Imagen 32. Ensayo liquidos penetrantes... 43
Imagen 33. Ensayo esclerometría. 44
Imagen 34. Ensayo velocidad de propagación. 44
Imagen 35. Ensayo de resonancia. 45
Imagen 36. Ensayo mixto. 45
Imagen 37. Acción del hielo sobre ladrillo. 50
Imagen 38. Alabeo en losa de concreto. 51
Imagen 39. Aluminosis en el concreto reforzado. 51

Imagen 40. Ampollamiento..52
Imagen 41. Corrosión...54
Imagen 42. Fisuras por asentamientos...59
Imagen 43. Fisuras por empujes vericales...60
Imagen 44. Fisuras por empujes horizontales. 60
Imagen 45. Flecha. 61
Imagen 46. Erosion del material..71
Imagen 47. Patologías en puentes. 74
Imagen 48.Patologias originadas por instalaciones..........................75
Imagen 49. Patologías por acciones sísmicas. 78
Imagen 50. Patologías por problemas en cimentaciones. 80
Imagen 51. Recalce de cimentación...82
Imagen 52. Testigos en grietas. 83
Imagen 53. Testigo de vidrio..84
Imagen 54. Testigos de yeso instalados en grietas de muro en mampostería. 85
Imagen 55. Daños por la incapacidad de la tabiquería para asumir las deformaciones de la estructura 86
Imagen 56. Distintos casos de fisuras en cerramientos...................87
Imagen 57. Fisuras en tabiques de planta baja (poca altura y esbelto). 88
Imagen 58. Esquemas de fisuras debidas a la flexión de voladizos 89
Imagen 59. Fisura en voladizo de viguetas.......................................89
Imagen 60. Desprendimiento de canto de forjado (se han retirado algunas piezas para comprobar el apoyo en el forjado) y fisura vertical en esquina, situada a medio pie de la arista. 92
Imagen 61. Abombamiento de fachada 93
Imagen 62. Suelo y cimentación..95
Imagen 63. Estructura química general de las arcillas....................97
Imagen 64. Imagen del predio visitado...98
Imagen 65. Lesiones físicas detectadas en baño de vivienda familia Castillo Molina..99
Imagen 66. Desprendimiento de mortero en muro....................100
Imagen 67. Planta arquitectónica vivienda familia Castillo Molina (Baño con lesiones)...101
Imagen 68. Lesión mecánica por corrosión y oxidación en vigueta de losa de entrepiso..101
Imagen 69. Lesión mecánica por eflorescencia y oxidación en viga de losa de entrepiso..102
Imagen 70. Lesión mecánica por corrosión, oxidación y desprendimiento de material...102

Imagen 71. Lesión mecánica por corrosión del acero de refuerzo en vigueta de losa de entrepiso.. 102
Imagen 72. Fisura causada por la corrosión del acero longitudinal de las vigas y viguetas de la losa de entrepiso. 103
Imagen 73. Fisura causada por la corrosión del acero de refuerzo. 103
Imagen 74. Lesión química de tipo erosión... 104
Imagen 75. Erosión de materiales debido a reacción química. 104
Imagen 76. Erosión de materiales de acabado de muros. 105
Imagen 77. Fisurómetro... 107
Imagen 78. Cámara fotográfica.. 107
Imagen 79. Flexómetro. 108
Imagen 80. Medidor laser de precisión. 108
Imagen 81. Calibrador de vernier ó pie de rey.. 109
Imagen 82. Calculadora científica. 109
Imagen 83. Brujula... 110
Imagen 84. Nivel de mano 110
Imagen 85. Linterna... 111
Imagen 86. Lupa.. 111
Imagen 11. Encendedor... 111
Imagen 88. Ferro escaner. 112

3. Lista de tablas

Tabla 1. Tipos de ensayos destructivos y no destructivos. 36

3. AGRADECIMIENTOS

Agradezco a Dios, el Arquitecto, Ingeniero y Constructor del Universo y el destino, a mi Familia, a mi País, a la Asociación Movimiento Nacional Cimarrón por la lucha de los derechos y valores de las comunidades afrodescendientes y a la empresa donde laboro por brindarme la oportunidad de cursar una carrera profesional en tan prestigiosa universidad, por la confianza que han depositado en mí y por su apoyo incondicional.

Mi más sincero agradecimiento a todos los profesores de la Universidad Santo Tomas por contribuir en el desarrollo de mi formación profesional.

4. INTRODUCCION

Mediante el desarrollo del presente libro se pretende afianzar los conocimientos sobre las patologías que pueden presentarse en las edificaciones o diferentes tipos de construcciones las cuales siempre se originan por errores de diseño, constructivos ó la acción de fenómenos naturales como sismos, vientos, inundaciones, y estas pueden ser de carácter físico, químico ó mecánico.

El profesional en Construcción, Arquitectura e Ingeniería debe estar preparado en el conocimiento de los tipos de patologías que se presentan en las construcciones, lo que hace indispensable profundizar en el Reglamento Colombiano de Construcción Sismo-Resistente NSR-10, ACI-318 y demás normativas vigentes, teniendo como prioridad proteger la vida humana, haciendo valer el derecho humano N° 1 el derecho a la vida y en lo posible proteger los bienes materiales.

De esta manera se permitirá evaluar el nivel de conocimiento adquirido respecto a la asignatura Patología De La Edificación, permitiéndose así desarrollar competencias críticas y analíticas para poder ejercer como profesional en Construcción, Arquitectura e Ingeniería, al igual que todo lo relacionado con los requisitos y desde luego los deberes y compromisos que esta actividad demanda.

5. JUSTIFICACIÓN

Considerando la necesidad de dar a conocer competencias que permiten identificar conceptos sobre Patología De La Edificación, mediante el desarrollo del presente libro se da respuesta a los interrogantes más relevantes y básicos en el campo de Patología De La Edificación con el fin de aclarar dudas y fortalecer competencias adquiridas en el campo, lo cual permitirá fortalecer las bases de este conocimiento para el desempeño y aplicación en situaciones propias y reales de nuestras profesiónes en los campos de Construcción, Arquitectura e Ingeniería.

6. OBJETIVO GENERAL

Identificar los principales conceptos, riesgos y normas que rigen la construcción de edificaciones respecto a Patología De La Edificación se refiera con el fin de familiarizarse con estas y así adquirir competencias que permitan la adecuada corrección de dichas patologías permitiendo la habitabilidad de una edificación permitiéndose así afianzar aspectos teóricos básicos en esta área.

7. OBJETIVOS ESPECÍFICOS

1. Identificar el manejo de los términos básicos de la Patología De La Edificación.
2. Reconocer las principales normativas que regulan la Patología De La Edificación.
3. Afianzar aspectos teóricos básicos sobre la Patología De La Edificación.
4. Conocer el procedimiento para realizar un estudio patológico de una edificación.

8. CAPITULO 1:

9. COMPONENTES Y REQUISITOS MINIMOS QUE DEBE CONTENER UN ESTUDIO PATOLOGICO DE UNA EDIFICACION.

Los componentes y requisitos mínimos que debe contener un estudio patológico de una edificación son los siguientes:

1. HISTORIA CLINICA Y DIAGNOSTICO.

2. ENSAYOS.

3. PROPUESTA DE INTERVENCION.

Es preciso contextualizar el significado de lo que es una lesión en una estructura y que tipo de causa la produce; su causa puede ser física, química y mecánica.

Teniendo en cuenta lo indicado anteriormente pasaré a conceptualizar los términos mencionados:

10. LESIÓN

Las lesiones son cada una de las manifestaciones de un problema constructivo, es decir el síntoma final del proceso patológico.
Es de primordial importancia conocer la tipología de las lesiones porque es el punto de partida de todo estudio patológico, y de su identificación depende la elección
correcta del tratamiento.
En muchas ocasiones las lesiones pueden ser origen de otras y no suelen aparecer aisladas sino confundidas entre sí. Por ello conviene hacer una distinción y aislar

en primer lugar las diferentes lesiones. La lesión primaria es la que surge en primer lugar y la lesión o lesiones que aparecen como consecuencia de ésta se denominan lesiones secundarias.

El conjunto de lesiones que pueden aparecer en un edificio es muy extenso debido a la diversidad de materiales y unidades constructivas que se suelen utilizar.

Pero, en líneas generales, se pueden dividir en tres grandes familias en función del carácter y la tipología del proceso patológico: físicas, mecánicas y químicas.

1.0 LESION FÍSICA

Es aquella en que la problemática patológica se produce a causa de fenómenos
físicos como heladas, condensaciones, etc. y normalmente su evolución dependerá también de estos procesos físicos. Las causas físicas más comunes son:
- Humedad.
- Suciedad.
- Erosion atmosférica.

1.1 LESION QUÍMICA

Se produce a partir de un proceso patológico de carácter químico, y aunque éste no tiene
relación alguna con los restantes procesos patológicos y sus lesiones correspondientes, su sintomatología en muchas ocasiones se confunde.

El origen de las lesiones químicas suele ser la presencia de sales, ácidos o álcalis que reaccionan provocando descomposiciones que afectan a la integridad del material
y reducen su durabilidad. Este tipo de lesiones se subdividen en cuatro grupos diferenciados:
- Eflorescencias.
- Oxidaciones y corrosiones.
- Erosiones.
- Organismos.

1.2 LESION MECÁNICA

Es la que se produce por que la estructura de somete a esfuerzos ya sean internos ó externos.

Aunque las lesiones mecánicas se podrían englobar entre las lesiones físicas puesto que son consecuencia de acciones físicas, suelen considerarse un grupo aparte debido a su importancia. Definimos como lesión mecánica aquélla en la que predomina un factor mecánico que provoca movimientos, desgaste, aberturas o separaciones de materiales o elementos constructivos. Podemos dividir este tipo de lesiones en cinco apartados diferenciados:

- Deformaciones.
- Grietas.
- Fisuras.
- Desprendimiento.
- Erosiones mecánicas.

Para poder realizar un estudio patológico debe conocerse los diferentes tipos de esfuerzos que se presentan en las estructuras.

Los esfuerzos mas comunes se describen a continuación:

11. **CAPITULO 2:**

12. **TIPOS DE ESFUERZOS EN ESTRUCTURAS**

Existen varios tipos de esfuerzos a los cuales se someten las estructuras.

1.3 ESFUERZO DE TRACCION

Decimos que un elemento está sometido a un esfuerzo de tracción cuando sobre él actúan fuerzas que tienden a estirarlo. Los tensores son elementos resistentes que aguantan muy bien este tipo de esfuerzos.

La tracción es lo contrario a la compresión: intentar "estirar", alargar un elemento.

La fuerza aplicada intenta estirar el material a lo largo de su línea de acción.

Es lo inverso de la compresión, ya que los planos paralelos, que suponemos que componen el material, intentan o tienden a separarse. (Es propio de los materiales metálicos).

La estructura está sometida a un esfuerzo de tracción, es decir, como si tiráramos hacia fuera.

Cuando se trata de cuerpos sólidos, las deformaciones pueden ser permanentes: en este caso, el cuerpo ha superado su punto de fluencia y se comporta de forma plástica, de modo que tras cesar el esfuerzo de tracción se mantiene el alargamiento; si las deformaciones no son permanentes se dice que el cuerpo es elástico, de manera que, cuando desaparece el esfuerzo de tracción, aquél recupera su primitiva longitud.

Cada material posee cualidades propias que definen su comportamiento ante la tracción. Algunas de ellas son: elasticidad, plasticidad, ductilidad, fragilidad.

Muchos puentes modernos, como los puentes de tirantes y los puentes colgantes, utilizan gruesos cables de acero para sostener el tablero por donde circulan los vehículos.

Estos cables se denominan tirantes y están sometidos a tracción.

1.4 ESFUERZO DE COMPRENSIÓN.

Un cuerpo está sometido a un esfuerzo de compresión cuando se le aplican dos fuerzas con la misma dirección y sentidos contrarios provocando un abombamiento en su parte central y reduciendo su longitud inicial. Las fuerzas aplicadas tienden a aplastarlo o comprimirlo, Cuando se somete a compresión una pieza de gran longitud en relación a su sección, se arquea recibiendo este fenómeno el nombre de pandeo. El pandeo es un fenómeno de inestabilidad elástica que puede darse en elementos comprimidos esbeltos, y que se manifiesta por la aparición de desplazamientos importantes transversales a la dirección principal de compresión Los pilares y columnas son ejemplo de elementos diseñados para resistir esfuerzos de compresión.

1.5 ESFUERZO CORTANTE O DE CORTE

Un cuerpo está sometido a un esfuerzo de cizalladura (también llamado de cizallamiento, de corte o esfuerzo cortante) cuando se le aplican dos fuerzas de sentido opuesto que tienen tendencia a cortarlo actúan de forma que una parte de la estructura tiende a deslizarse sobre la otra.

Las herramientas de corte manual que funcionen por la acción de dos hojas de metal afilado: tijeras, guillotinas para papel, cizallas para metal, etc. El material (tela papel, meta…) recibe un esfuerzo de cizalladura que no puede soportar, por lo que se produce el corte.

El troquelado se usa para recortar piezas de una lámina de material delgado, normalmente metal, plástico, cartón o cuero. El corte se hace de golpe, presionando fuertemente el material a cortar entre dos herramientas, el punzón y la matriz, que tienen la forma que se desea obtener. El contorno de la pieza cortada experimenta un esfuerzo de cizalladura.

Los materiales más característicos de este esfuerzo serán:

-Tornillos de acero: dado que un tornillo recibe fuerzas opuestas en el momento del apriete, es muy propicio a sufrir un corte consecuencia de dichas fuerzas.

-Soldaduras: es un proceso de fijacion en donde se realiza la unión de dos o más piezas de un material, normalmente logrado a través de la fusion. Si se produce una mala fijacion del cordon, se ocasionará un corte. También puede producirse por someter la pieza a mas presion de la que aguanta la soldadura

1.6 ESFUERZO DE TORSION

Un cuerpo sufre esfuerzos de torsión cuando existen fuerzas que tienden a retorcerlo. Es un esfuerzo producido por retorcer o girar un material sobre sí mismo, ejerciéndose en sus dos pares de giro en sentido contrario.

Cuando colocamos un tornillo, lo estamos sometiendo a un esfuerzo de torsión.

Por una parte, experimenta la fuerza del destornillador que la gira en sentido horario. Por la otra, el material donde estamos introduciendo ejerce una fuerza de resistencia de sentido antihorario. El resultado es que el tornillo tiende a retorcerse.

Un ejemplo claro, son las barras de torsión en la amortiguación de un vehículo.

1.7 ESFUERZO DE FLEXIÓN

Un elemento estará sometido a flexión cuando actúen sobre él cargas que tiendan a doblarlo. En un esfuerzo de flexión se dan los esfuerzos de tracción y compresión a la vez, pues cuando el cuerpo se hunde, una parte sube hacia fuera (tracción), mientras que otra se hunde hacia dentro (compresión).

Aunque no se puede apreciar a simple vista, la plataforma de un puente se comba cuando debe soportar el peso de un vehículo. La flexión de un puente es muy pequeña, ya que están diseñados para que sean rígidos. Un caso similar de esfuerzo de flexión es el de la balda de una estantería o una viga en un edificio.

Al igual que el trampolín de una piscina, las alas de un avión están sometidas a esfuerzos de flexión. Deben estar muy bien diseñados para soportar estos esfuerzos sin romperse y, a la vez, ser ligeros.

A continuación, se expondrán los diferentes tipos de fisuras en estructuras, (columnas, vigas, placas y muros). Se define claramente las causas, como se identifican, y cuáles son sus características.

13. CAPITULO 3:

14. TIPOS DE FISURAS EN ESTRUCTURAS

Existen fisuras por tracción y fisuras por flexión.

1.8 FISURAS POR TRACCION Y FLEXION

A continuación se describen los diferentes tipos de fisuras:

1.9 FISURAS POR TRACCIÓN PURA

Se forman a lo largo de la dirección de las barras de refuerzo principal. Son fisuras provocadas por el exceso de tracción longitudinal. Se forman planos de falla (fisuras y grietas) transversales a lo largo de la sección. Los incrementos de la tracción actuante en la sección provocan de manera súbita una grieta que afecta la unión entre el hormigón y la barra de refuerzo en una determinada zona (distancia de deslizamiento). Como consecuencia de ello, se interrumpe la transferencia de los esfuerzos actuantes por pérdida de la adherencia mecánica entre el acero y el hormigón. Adicionalmente, la anchura de la grieta es mínima cerca de la barra de acero (pero hay fisuras y micro fisuras por el efecto de la conexión) y se incrementa a medida que se aleja de ella. Ello genera patrones de espaciamiento entre grietas. Los esfuerzos de tracción excesivos pueden darse como consecuencia de fallas de anclaje o traslapo de una o varias barras de refuerzo.

1.10   FISURAS POR FLEXIÓN PURA

Suelen ser perpendiculares a la dirección del refuerzo longitudinal dispuesto en la dirección de la tracción principal. La existencia de armadura transversal (estribos) puede hacer que las fisuras se alineen con ella e incluso favorezcan el inicio o la propagación de las mismas fisuras. Estos planos de falla por flexión son de dos tipos: Grietas de flexión que originalmente son fisuras de tracción. Grietas por tracción que emergen como una manifestación del aumento de la deformación. Se localizan entre las grietas de flexión y se extienden por encima de las barras de refuerzo.

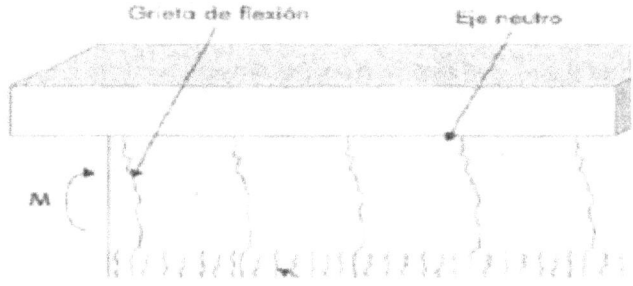

Imagen 1. Fisuras por flexión pura.

Las grietas por flexión se extienden hasta el eje neutro, revelando así la posición real de este en el elemento. La anchura de las grietas indica el nivel del esfuerzo de tracción al que han sido sometidas las barras de refuerzo. Anchuras pronunciadas indican: Exceso de carga por posibles precargas o sobrecargas. Insuficiencia de refuerzo longitudinal.

Causas de grietas por flexión y tracción

- Sobrecargas no previstas.
- Mala adherencia de las armaduras al hormigón.
- Mala disposición de armaduras.
- Armaduras transversales insuficientes.
- Baja calidad del hormigón.
- Alternativas de reparación

Evaluar la situación del elemento y determinar: a) Recuperar monolitismo:

- Inyección de epoxi.

b) Refuerzo del elemento:

- Verificar armadura existente.

- Reforzar en caso necesario, para lo cual se debe:

• Colocar insertos (tipo anclajes) a través de perforaciones; relleno conepoxi.

• Picar y colocar armadura adicional, hormigonar o rellenar con morteroepoxi.

• Reforzar con armadura externa (platabandas adheridas con epoxi).c) Eventual demolición y reemplazo

Fisuras por adherencia (longitudinales)

Son aquellas que se forman a lo largo de la dirección de las barras longitudinales. Se pueden inducir como consecuencia de los fenómenos de retracción o asentamiento plástico. También pueden formarse grietas longitudinales por falta de adherencia entre el hormigón y el acero de refuerzo. Esta situación es poco común en estructuras bien calculadas y construidas. Ocasionalmente, se presenta la falta de adherencia porque durante la construcción las varillas de acero se impregnan de aceites, bentonita o tienen óxido suelto.

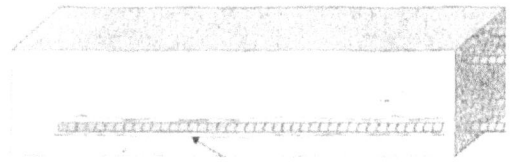

Imagen 2. Fisura por flexión.

1.11   FISURAS POR CORTANTE

Los esfuerzos cortantes y de tracción provocan fisuras oblicuas que también son transversales a la dirección del acero longitudinal principal. Aparecen inclinadas en zonas cercanas a los apoyos (cortante máxima) o bajo cargas puntuales elevadas. El ángulo entre las grietas de cortante inclinadas y el eje de la viga es de aproximadamente 45°.Las grietas de cortante siempre atraviesan todo el espesor de la viga y su anchura depende de la sección de la viga.

PATOLOGÍA DE LA CONSTRUCCIÓN

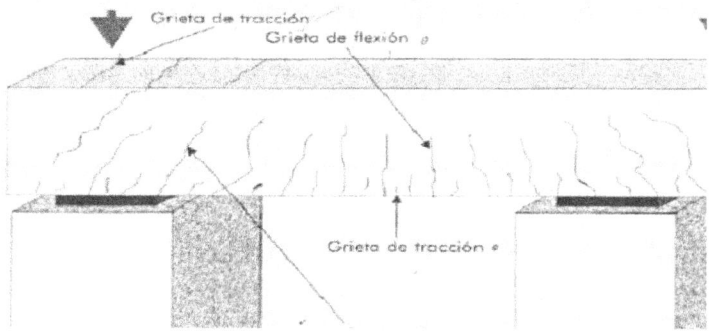

Imagen 3. Fisuras y grietas por cortante.

Causas de grietas por cortante

• Sobrecargas no previstas.

• Mala adherencia de las armaduras al hormigón.

• Mala disposición de armaduras.

• Armaduras transversales insuficientes.

• Baja calidad del hormigón.

Alternativas de reparación

Evaluar la situación del elemento y determinar:

a) Recuperar monolitismo:

- Inyección de epoxi.

b) Refuerzo del elemento:

- Verificar armadura existente.

- Reforzar en caso necesario, para lo cual se debe:

• Colocar insertos (tipo anclajes) a través de perforaciones; relleno con epoxi.

• Picar y colocar armadura adicional, hormigonar o rellenar con mortero epoxi.

- Reforzar con armadura externa (platabandas adheridas con epoxi).

c) Eventual demolición y reemplazo.

1.12   FISURAS POR TORSIÓN

Las fisuras por torsión también son oblicuas pero continuas y en espiral. Atraviesan completamente la sección de los miembros afectados.

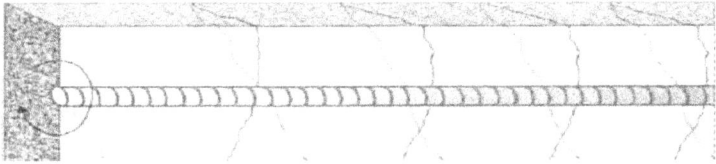

Imagen 4. Fisuras y grietas por torsion.

1.13   FALLA POR FLEXIÓN EN VIGAS DE CONCRETO.

Las cargas que actúan en una estructura, ya sean cargas vivas, de gravedad o de otros tipos, tales como cargas horizontales de viento o las debidas a contracción y temperatura, generan flexión y deformación de los elementos estructurales que la constituyen. La flexión del elemento viga es el resultado de la deformación causada por los esfuerzos de flexión debida a la carga externa.

Conforme se aumenta la carga, la viga soporta deformación adicional, propiciando el desarrollo de las grietas por flexión a lo largo del claro de la viga. Incrementos continuos en el nivel de la carga conducen a la falla del elemento estructural cuando la carga externa alcanza la capacidad del elemento. A dicho nivel de carga se le llama estado límite de falla en flexión.

1.14 FALLA POR CORTANTE EN VIGAS DE CONCRETO REFORZADO.

El comportamiento de las vigas en el instante de la falla por cortante es muy diferente a su comportamiento por flexión. La falla es repentina sin suficiente aviso previo y las grietas diagonales que se desarrollan son mas amplias que las de flexión.

Imagen 5. *Falla por tensión diagonal producida por cortante en vigas.*

1.15 FALLA POR ADHERENCIA DEL BLOQUE DE UNIÓN EN LAS CONEXIONES VIGA-COLUMNA DEBIDA AL DESLIZAMIENTO DE LAS VARILLAS ANCLADAS O A FALLA DE CORTANTE.

Con frecuencia, en las conexiones entre los distintos elementos estructurales se presentan elevadas concentraciones y complejas condiciones de esfuerzos, mismos que han conducido a distintos y numerosos casos de falla especialmente en las uniones entre muros y losas de estructuras a base de páneles, entre vigas y columnas en estructuras de marcos, entre columnas y losas planas, y entre columnas y cimentaciones.

Imagen 6. Desconchamiento del concreto en unión viga-columna.

1.16   FLEXIÓN Y CORTANTE EN VIGAS DE CONCRETO REFORZADO.

Las cargas que actúan en una estructura, ya sean cargas vivas, de gravedad o de otros tipos, tales como cargas horizontales de viento o las debidas a contracción y temperatura, generan flexión y deformación de los elementos estructurales que la constituyen. La flexión del elemento viga es el resultado de la deformación causada por los esfuerzos de flexión debida a la carga externa.

Conforme se aumenta la carga, la viga soporta deformación adicional, propiciando el desarrollo de las grietas por flexión a lo largo del claro de la viga. Incrementos continuos en el nivel de la carga conducen a la falla del elemento estructural cuando la carga externa alcanza la capacidad del elemento. A dicho nivel de carga se le llama estado límite de falla en flexión.

Imagen 7. Falla por flexión en vigas de concreto.

1.17 FALLAS POR CORTANTE.

El comportamiento de las vigas en el instante de la falla por cortante es muy diferente a su comportamiento por flexión. La falla es repentina sin suficiente aviso previo y las grietas diagonales que se desarrollan son más amplias que las de flexión.

Imagen 8. Fallas por cortante.

1.18 SEMIEMPOTRAMIENTO EN APOYO DE LOSA EN MURO.

No considerar los posibles semiempotramientos que se producen en los apoyos sencillos de losas o forjados en fábricas, sobre todo cuando tales fábricas se prolongan y ejercen una carga considerable sobre la línea de apoyo. En tales casos, no se contempla armadura en la cara superior (diagrama de momentos A), cuando la realidad es que se produce un momento negativo de empotramiento (diagrama B), produciendo fisuras superiores a lo largo del apoyo.

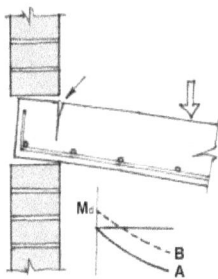

Imagen 9. Semiempotramiento en apoyo losa muro.

1.19 FALLAS DEBIDO A DISPOSICIONES INCORRECTAS DE ARMADURAS.

A veces, la mala disposición de las armaduras, la insuficiencia de cuantía de acero, o la simple falta de armado, son motivos claros de lesiones de la estructura, cuyo origen puede estar tanto en un proyecto mal definido como en un error de ejecución en obra (para ello habrá que consultar los planos de estructura). Es frecuente en estos casos, encontrar fisuraciones por falta de adherencia debida a la falta del anclaje suficiente, o bien a una solución errónea de continuidad de la armadura en los nudos:

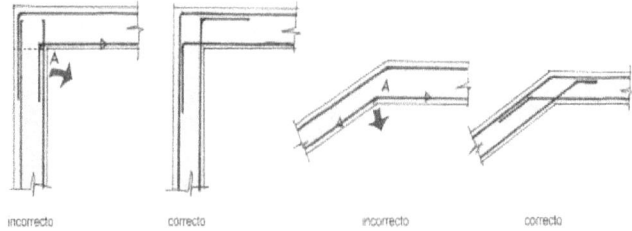

Imagen 10. Disposición incorrecta de aceros de refuerzo.

En otros casos, la falta de solape necesario en armaduras de tracción en nudos y vanos, puede ocasionar fisuración e incluso el colapso del elemento:

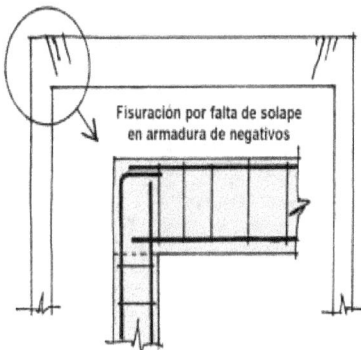

Imagen 11. Fisuracion por falta de solape en armadura de negativos.

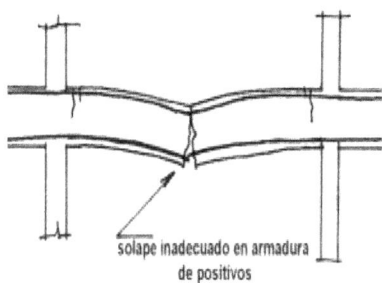

Imagen 12. Solape inadecuado en armadura de positivos.

También encontramos en el caso de vigas planas con cambios bruscos de ancho (en apoyo en pilar), una falta de definición de la disposición de la armadura del tramo de viga más ancho, que debe anclarse en la zona de pilar y no prolongarse en la capa de compresión (hay que decir que éste es un error típico de proyecto normalmente debido a la falta de detalles constructivos y a la mala interpretación de los datos suministrados por el programa de cálculo.

1.20 FISURAS POR ASENTAMIENTO.

Fisuras por asentamiento o cedimiento del encofrado: Puede producirse un asentamiento o fallo de la sujeción del encofrado (tanto en el fondillo como en los costeros) durante el proceso de fraguado. Esto provoca fisuras de diversos tipos, según sea el tipo de cedimiento, puesto que el hormigón, una vez iniciada la fase de fraguado, no es capaz de cerrar una fisura que se abra:

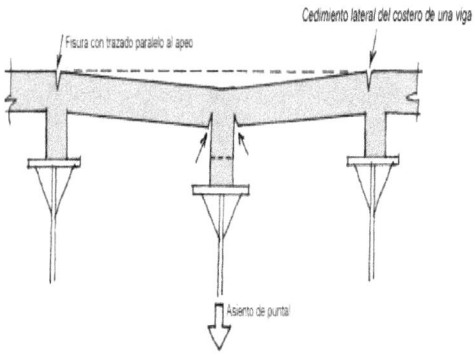

Imagen 13. Fisuras por asentamiento.

La figura siguiente muestra las fisuras al hormigonar una viga / forjado antes de haber endurecido el hormigón del pilar (no se tiene en cuenta el asentamiento plástico, que se describirá más adelante, aunque en muchas ocasiones este tipo de fisuración puede confundirse con el provocado por la retracción plástica del hormigón):

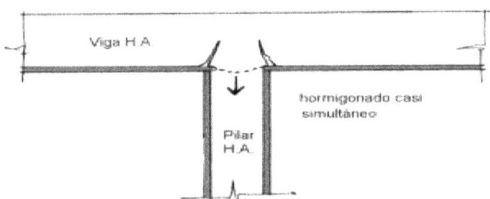

Imagen 14. Fisuras por retracción, asentamiento plástico.

1.21 FALLOS POR ESFUERZO DE FLEXIÓN.

La inspección se hará en la cara inferior de vigas y/o viguetas, picando el revestimiento si fuese necesario (o abrir falso techo). Las formas típicas de fisuración son las indicadas en la figura:

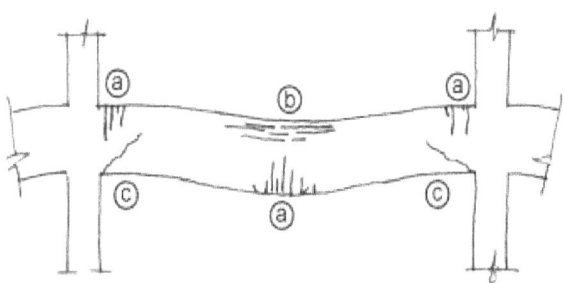

a) Fisuras debidas a esfuerzos de tracción
b) Fisuras debidas a esfuerzos de compresión
c) Fisuras debidas a esfuerzos de cortante

Imagen 15. (a)Fisuras por tracción, (b) compresión y (c) cortante.

Fisuración transversal en vigas y viguetas debida a esfuerzos de tracción Se presentan en la zona de máximo momento flector de la viga / vigueta, es decir, en el centro de la cara inferior, y cerca de los apoyos (o encima de los mismos) en la cara superior si hay continuidad de viga (momento negativo de empotramiento). Si aparecen mas de una fisura, normalmente se distribuyen uniformemente.

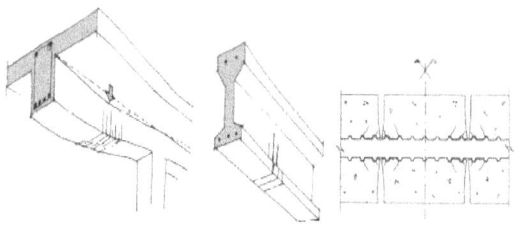

Imagen 16. Fisuras por tracción.

Escalones de fisuración (INTEMAC) impedida   Rotura por agotamiento del acero   Rotura de viga con adherencia

Imagen 17. Rotura de vigas por fisuración.

Si el ancho de fisura es menor de 0,3mm, no implican peligrosidad, aunque puedan provocar la entrada de agentes externos corrosivos. Si el ancho de la fisura es mayor de 0,4mm, puede indicar una falta de armadura suficiente o bien una carga excesiva. En este caso, el daño es importante y se procederá al apuntalamiento previo. En el caso concreto de viguetas pretensadas, si el ancho de fisura es mayor de 0,2mm, esto indica que:

- Hay pérdida de tensión de pretensado
- Hay una sobrecarga excesiva
- Puede haber falta de armadura

1.22 FISURACIÓN LONGITUDINAL EN VIGAS Y VIGUETAS DEBIDA A ESFUERZOS DE COMPRESIÓN

Salvo en estructuras exentas, no se pueden detectar sin realizar calas. Suelen ser muy poco frecuentes en forjados con capa de compresión. En cualquier caso, de existir, implican un riesgo muy grave y habrá que apuntalar de forma inmediata

Fisuración inclinada en vigas y viguetas debida a esfuerzos cortantes:

Cuando las solicitaciones de cortante son excesivas, puede suceder que la rotura de la viga se origine por su incapacidad de absorber las tensiones de tracción y/o compresión derivadas de tal esfuerzo. Son fisuras localizadas cerca de los apoyos (puntos de máximo cortante), y siguen una dirección ascendente de 45° apuntando al apoyo mismo (pilar, viga, muro...). Esta dirección marca la perpendicular de las máximas tracciones debidas al cortante, que no han podido ser absorbidas por la armadura transversal.

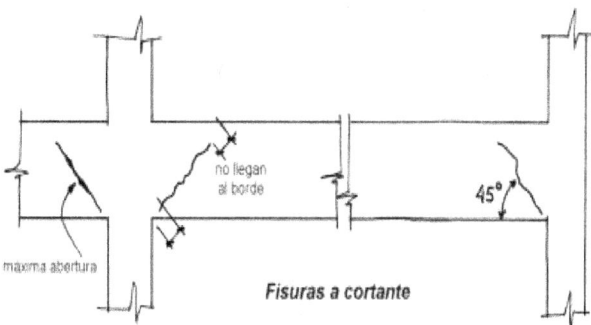

Imagen 18. Fisuras por cortante.

15. CAPITULO 4:

16. TIPOS DE JUNTAS DE DILATACION, JUNTAS SISMICAS, JUNTAS DE EXPANSION, JUNTAS DE CONSTRUCCION.

A continuación se dan a conocer los diferentes tipos de Juntas de dilatación, Juntas sísmicas, Juntas de expansión y Juntas de Construcción. Además seespecifica cuanto deben ser las distancias entre edificaciones contiguas según la norma NSR-2010 y demás normas de referencia internacional cómo ACI-.318.

Existen diferentes tipos de juntas que se generan en la construcción, algunos tipos de juntas generan problemas en los procesos constructivos sobre el concreto, otras son de caracter beneficioso para la estructura.

Estas juntas de construcción en la ejecución del concreto se encuentran procesos como lo son:

juntas predeterminadas y juntas imprevistas:

- **Juntas predeterminadas:** Son todas aquellas que están previstas desde el inicio del proceso, estando asumidas por las situaciones que se pueden presentar por la terminación del elemento de concreto a fundir o por la simple situación de terminación de la jornada laboral, voluntaria o interrumpida por condiciones inadecuadas que impide la culminación de la actividad.

- **Juntas imprevistas:** son las que se generan por cambios del clima generando situaciones impredecibles afectando la actividad de fundición en el concreto, defectos de maquinaria en los procesos de ejecución de las fundiciones de concreto.

En la construcción hay distintos conceptos que rodean el tema, así como lo son las juntas, sin embargo, conceptos como este, tienen distintas variaciones. Las juntas son simplemente grietas planificadas previamente. Las juntas en las losas de concreto pueden ser creadas mediante moldes, herramientas, aserrado, y con la colocación de formadores de juntas.

Las juntas son el método más efectivo para controlar agrietamientos. Si una extensión considerable de concreto (una pared, losa o pavimento) no contiene juntas convenientemente espaciadas que alivien la contracción por secado y por temperatura, el concreto se agrieta de manera aleatoria.

Las juntas son el método más eficiente para el control de las fisuras. Si no se permite el movimiento del concreto (muros, losas, pavimentos) a través de juntas adecuadamente espaciadas para que la contracción por secado y la retracción por temperatura sean acomodadas, la formación de fisuras aleatorias va a ocurrir.

Hay tres tipos de juntas:

1.23   JUNTAS DE CONTRACCIÓN:

Las juntas se insertan mediante el uso de un ranurador para crear un plano de debilidad que oculta el lugar donde ocurrirá la grieta por contracción.

Para que sea efectiva, la junta debe ser ranurada de ¼ a 1/3 de la profundidad del concreto. Así pues, se pretende crear planos débiles en el concreto y regular la ubicación de grietas que se formaran como resultado de cambios dimensionales.

1.24   JUNTAS DE AISLAMIENTO:

Separan o aíslan las losas de otras partes de la estructura, tales como paredes, cimientos, o columnas, así como las vías de acceso y los patios, de las aceras, de las losas de garaje, las escaleras, luminarias y otros puntos de restricción. Ellas permiten los movimientos independientes verticales y horizontales entre las partes adjuntas de la estructura y ayudan a minimizar las grietas cuando estos movimientos son restringidos.

1.25   JUNTAS DE CONSTRUCCIÓN:

Son superficies donde se encuentran dos vaciados (vertidos) sucesivos de concreto. Ellas se realizan por lo general al final del día de trabajo, pero pueden ser requeridas cuando el vaciado del concreto es paralizado por un tiempo mayor que el tiempo de fraguado inicial del concreto. En las losas ellas pueden ser diseñadas para permitir el movimiento y/o para transferir cargas. La ubicación de las juntas de construcción debe ser planificada. Puede ser deseable lograr la adherencia y la continuidad del refuerzo a través de una junta de construcción.

17. FACTORES DETERMINANTES EN LAS JUNTAS DE CONSTRUCCIÓN

CANGREJERAS: Zonas con vacíos o agujeros debido a la acumulación de piedras, con pérdida o separación de finos por causa de la segregación del concreto durante el proceso de fraguado.

BURBUJAS SUPERFICIALES: Vacíos individuales pequeños de ubicación y forma irregular, que se origina durante el vaciado de elementos encontrados, con tamaños que oscilan entre los 2 mm y 25 mm de diámetro.

VARIACIONES DE TEXTURA: Cambios en la suavidad, aspereza y/o color de la superficie del concreto o manchas que son difíciles al desencofrar o poco tiempo después.

LÍNEAS ENTRE CAPAS: Zonas con líneas oscuras que marcan las capas de vaciado sin que haya junta fría (falta de adherencia entre capas).

JUNTAS FRÍAS: Vacíos, cangrejeras y variación de color en la interfaz entre capas de vaciado en que la capa superior no se ha adherido a la capa inferior

18. JUNTAS DE CONSTRUCCIÓN Y CONTRACCIÓN

Las juntas de construcción deben localizarse y construirse de tal manera que no se perjudique la resistencia de la estructura. Deben tomarse precauciones para lograr la transferencia de cortante y otras fuerzas a través de las juntas de construcción.

A no ser que se especifique de otra manera o sea permitido, las juntas de construcción deben ser localizadas y construidas mediante el uso de formaletas de tal manera que cumplan con los siguientes requisitos:

1.26   JUNTAS EN LOSAS

- Las juntas de construcción en las losas, deben localizarse en el tercio central de las luces de las losas, vigas o vigas principales a menos que una viga intercepte una viga principal en su parte central, en cuyo caso las juntas en las vigas principales deben desplazarse una distancia igual al doble del ancho de la viga que la intercepta.

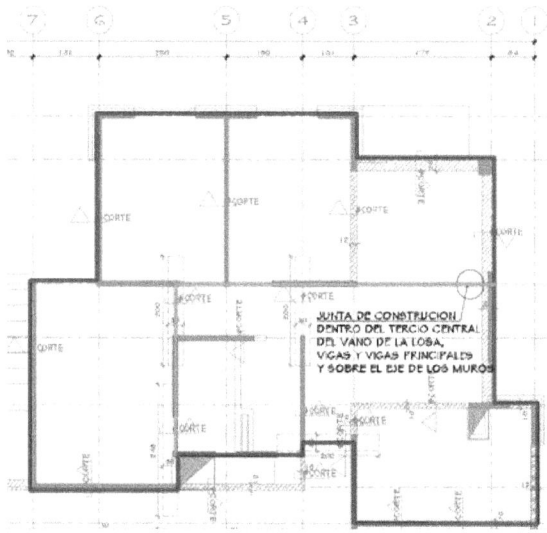

Figure 1. Junta de construcción en losa de entrepiso.

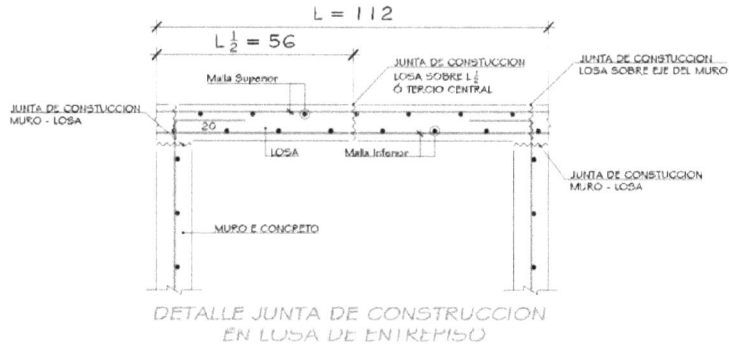

Figure 2. Juntas de construcción en losa de entrepiso.

1.27 JUNTAS EN VIGAS

Las juntas de construccion en las vigas principales deben dezplazarse a una distancia minima de 2 veces el ancho de las vigas que las intersecten.

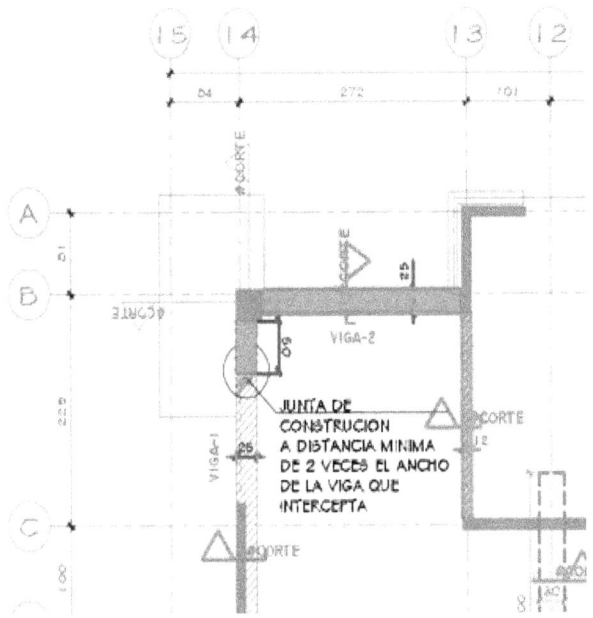

Figure 3. Junta de construcción en viga.

1.28 JUNTAS EN MUROS Y COLUMNAS

• En muros y columnas las juntas deben localizarse, en la cara inferior de las placas y vigas, y en la cara superior de zapatas y placas de piso.

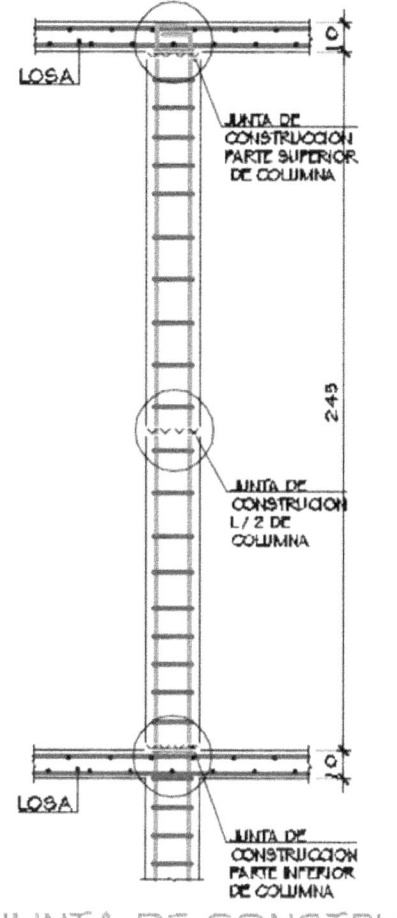

Figure 4. *Junta de construcción en columna.*

Figure 5. Junta de construcción Zapata-Columna.

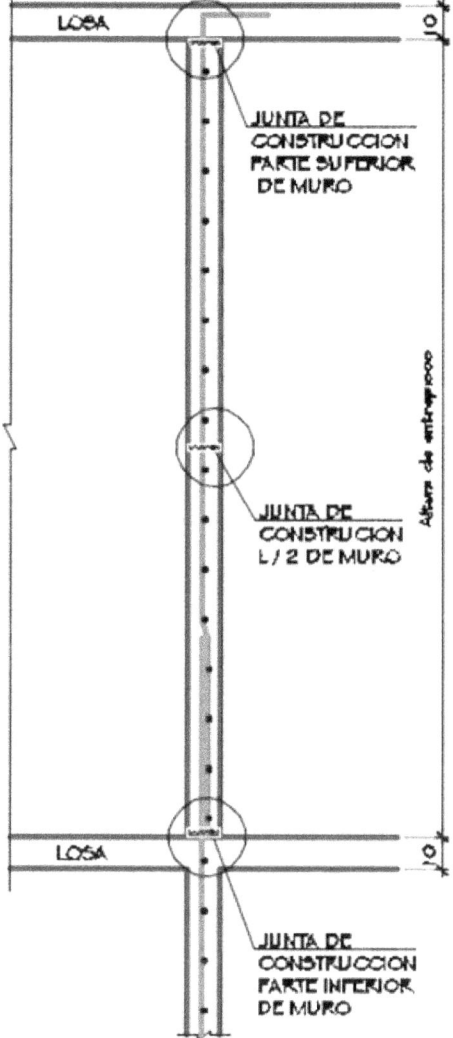

Figure 6. *Junta de construcción en muro.*

- Las juntas deben ser perpendiculares al refuerzo principal.
- Donde vaya a elaborarse una junta de construcción, se

debe limpiar completamente la superficie del concreto, remover toda lechada para lograr una superficie de agregado expuesto, y retirar todo el polvillo producido por la limpieza utilizando agua a presión. Finalmente se debe saturar y retirar el agua estancada inmediatamente antes del nuevo vaciado. (Situación saturado, seco superficialmente SSS)

- Las vigas, vigas principales o losas apoyadas en columnas o muros, no deben vaciarse o colocarse, cuando sean prefabricadas, antes de que el concreto de los elementos de apoyo verticales hayan endurecido hasta el punto en que la mezcla no esté en estado plástico. Esto debido a la contracción por secado del concreto del elemento vertical, debido a que durante sus primeras horas el nivel del concreto desciende algunos milímetros, perdiendo la conexión real de los dos elementos.

- Las vigas, vigas principales, capiteles de columnas y cartelas deben considerarse parte del sistema de losas y deben vaciarse monolíticamente con las mismas, a menos que en los planos se indique la forma de hacerlo adecuadamente. En ningún caso puede suspenderse el vaciado al nivel del refuerzo longitudinal.

- Se deben proveer llaves en los sitios indicados en los documentos del contrato. Cuando en los documentos del contrato se especifiquen llaves longitudinales estas deben ser de al menos 40 mm de profundidad en e l caso de muros o entre muros y zapatas o losas.

Para lograr un acabado parejo, la formaleta de contacto debe distribuirse en forma ordenada y simétrica, y con el mínimo de juntas o costuras posibles.

El diseño de las formaletas debe incluir la consi-deración de los siguientes factores:

1. Velocidad y método de colocación del concreto.

2. Cargas de construcción, incluyendo las cargas verticales, horizontales y de impacto.

3. Requisitos de formaletas especiales para la construcción de cascarones, losas plegadas, cúpulas, concreto arquitectónico o elementos similares.

Las formaletas para elementos de concreto preesforzado, deben diseñarse y construirse de modo que permitan el movimiento del elemento durante la aplicación de la fuerza de preesfuerzo sin que éste sufra daño.

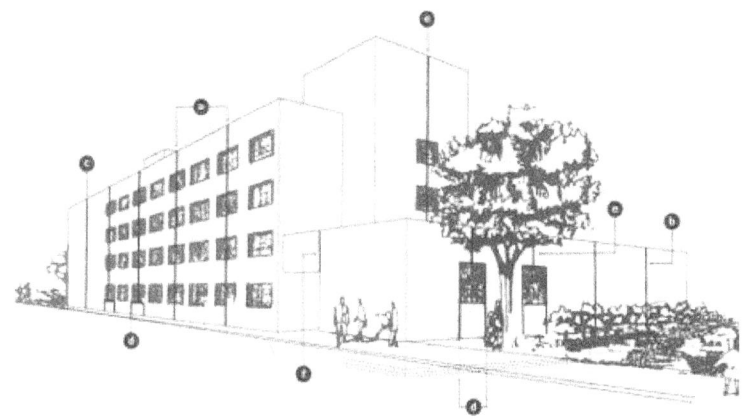

Figure 7. Localización de las juntas de contracción de un edificio.

a. Cada 6 m en muros con varias aberturas.

b. Nunca a más de 6 m en muros sin aberturas

c. Entre 3 y 5 m de la esquina, si es posible.

d. Alineado con los marcos laterales en el primer piso.

e. Por encima del primer piso en el centro de las aberturas.

f. Alineadas con los marcos laterales es preferible.

Figure 8. Juntas de Construcción mal elaboradas.

Figure 9. Juntas de construcción mal elaboradas.

Las formaletas deben ser fuertes y lo suficientemente ajustadas para impedir que se escape el mortero, y deben cumplir con las tolerancias especificadas.

Se recomienda colocar boceles a manera de chaflán de por lo menos 20 mm, en las esquinas de formale-tas, con el fin de obtener filos biselados, en aquellos concretos que quedarán permanentemente expues-tos a no ser que se especifique lo contrario. En las esquinas interiores, no se requiere, a menos que sea especificado en los documentos del contrato.

    Se deben proveer ventanas temporales, en la base de las formaletas de columnas y muros y en otros sitios donde sea recomendable, para facilitar la inspección y limpieza, proceso que debe realizarse in-mediatamente antes de la colocación del concreto.

19. CAPITULO 5:

20. TIPOS DE ENSAYOS DESTRUCTIVOS Y NO DESTRUCTIVOS

En el siguiente cuadro se relacionan los diferentes tipos de ensayos destructivos y no destructivos para valorar el estado de un paciente (edificación u obra civil).

Tabla 1. Tipos de ensayos destructivos y no destructivos.

TIPOS DE ENSAYOS DESTRUCTIVOS Y NO DESTRUCTIVOS
1.29 ENSAYOS DESTRUCTIVOS
Son pruebas que se realizan a materiales, que se caracterizan porque deforman el material y luego este no puede ser utilizado.
Para ello suele usarse una probeta del material que se desea ensayar y que servirá para una sola aplicación.
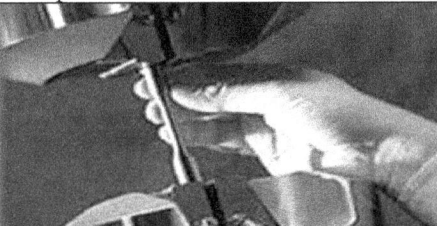 *Imagen 19. Ejemplo Pobreta de acero.*

Imagen 20. Ejemplo Probetas de concreto.

Imagen 21. Ejemplo Ensayo Concreto compresión.

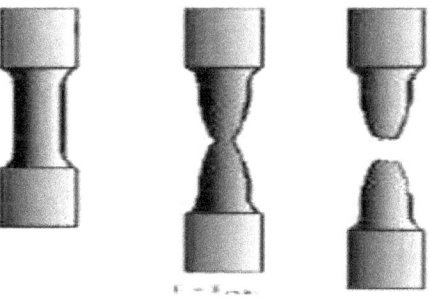

Imagen 22. Ejemplo Ensayo Acero tracción.

Los ensayos destructivos son los siguientes:

COMPRESION

Como su nombre lo indica este ensayo se encarga de determinar la resistencia a la compresión o la deformación de este en presencia de una carga de compresión.

Imagen 23. Ensayo de compresión concreto.

CIZALLADURA

Ensayo de tipo tecnológico que consiste en someter un material a esfuerzos crecientes y progresivos hasta llegar a la rotura.

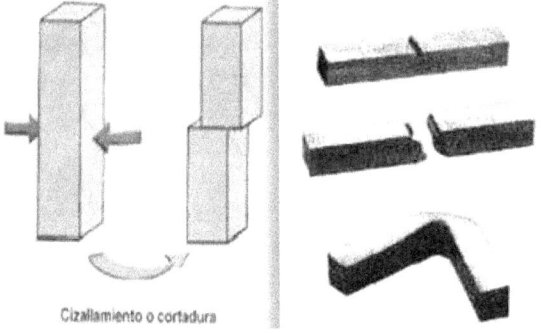

Imagen 24. Ensayo de cizalladura.

TRACCION

El ensayo de tracción de un material consiste en someter a una probeta normalizada a un esfuerzo axial de tracción creciente hasta que se produce la rotura de la probeta.

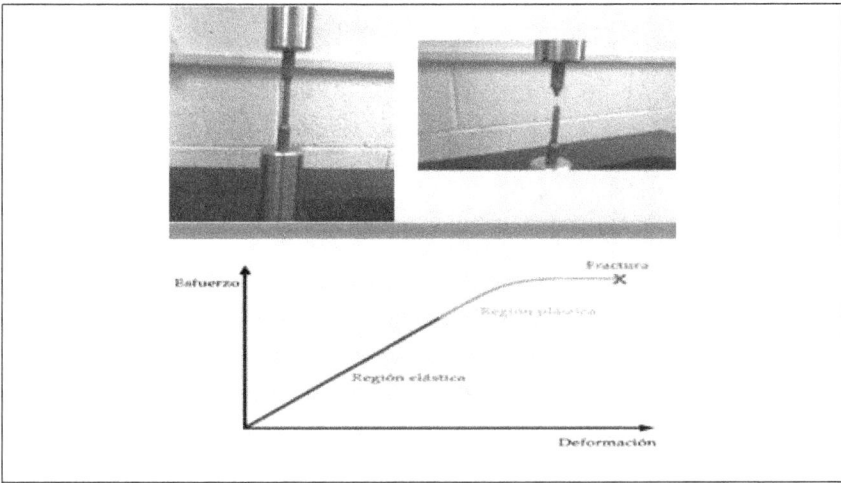

Imagen 25. Ensayo de tracción del acero.

TORSION

La Torsión en sí, se refiere a la deformación helicoidal que sufre un cuerpo cuando se le aplica un par de fuerzas (sistema de fuerzas paralelas de igual magnitud y sentido contrario).

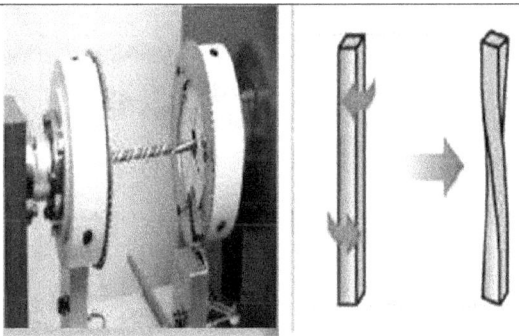

Imagen 26. Ensayo de torsion.

FLEXION

La prueba de flexión en un material es una prueba cuasi estática que determina el módulo de flexión ,el esfuerzo de flexión y la deformación por flexión en una muestra de material.

Imagen 27. Ensayo de flexión.

PLEGADO

Se realiza sobre las probetas que fueron sometidas a flexión.

En la máquina de ensayo Baldwin se realizó la primera etapa de plegado hasta un ángulo superior a 90° y luego sometido a una prensa y se terminó en un plegado con forma de "U".

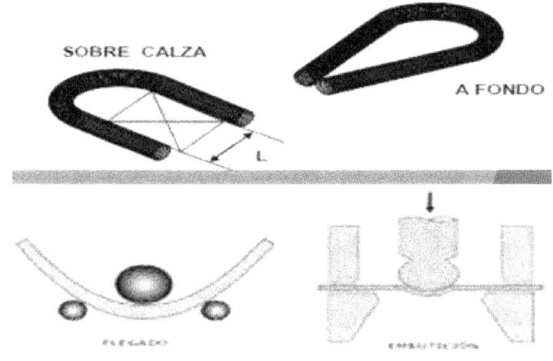

Imagen 28. Ensayo de plegado.

FATIGA

Cuando un metal se somete a esfuerzos de magnitud y de sentido variables, se rompe con cargas muy inferiores a su resistencia a la rotura normal.

Desfallecimiento que sufre el material cuando esta sometido a esfuerzos variables que hace que se rompa antes de la tensión de rotura e incluso a veces antes del límite elástico.

Imagen 29. Ensayo de fatiga.

RESISTENCIA AL CHOQUE

Los ensayos de resistencia al choque valoran aproximadamente la tenacidad (capacidad de resistencia al choque)

La unidad del ensayo es la RESILENCIA: energía que absorbe un material en un choque determinado.

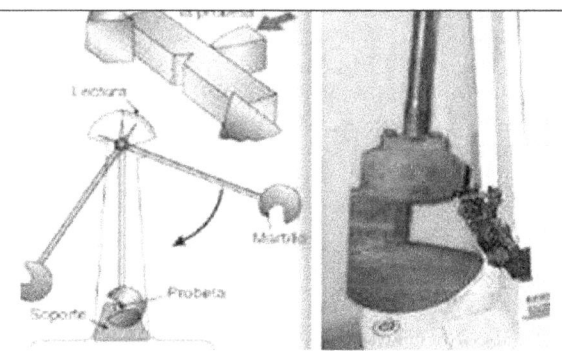

Imagen 30. Ensayo de resistencia al choque.

1.30 ENSAYOS NO DESTRUCTIVOS

Se denomina END a cualquier tipo de prueba practicada a un material que no altere de forma permanente a sus propiedades físicas, químicas, mecánicas o dimensionales.

Los diferentes métodos de END se basan en la aplicación de fenómenos físicos. Tales como:

Acústicos, Electromagnéticos, Elásticos, Capilaridad, y cualquier tipo de prueba que no implique daño al material.

La amplia aplicación de los métodos de ensayos no destructivos se encuentran resumidas en los tres grupos siguientes:

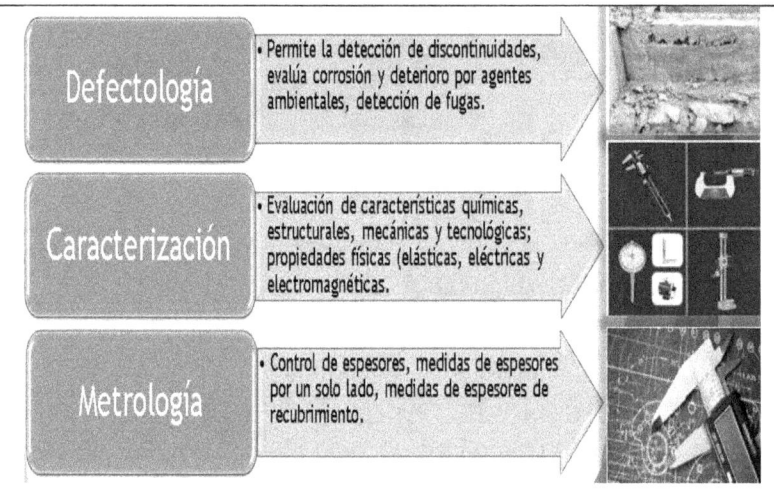

Imagen 31. Grupos de ensayos no destructivos.

Los ensayos no destruidos realizados en construcción son los siguientes:

- Detección de humedades.
- Detección de grietas.
- Detección de refuerzos en hormigón.
- Inspección de subbases en soleras.
- Detección de estructura interna de maderas estructurales.
- Detección de instalaciones.
- Detección de daños en madera por xilófagos.
- Patologías en fachadas.
- Puentes térmicos.

- Capacidad resistente de estructuras.

LIQUIDOS PENETRANTES

Es un tipo de ensayo no destructivo que se utiliza para detectar e identificar discontinuidades presentes en la superficie de los materiales examinados.

Generalmente se emplea en aleaciones no ferrosas, aunque también se puede utilizar para la inspección de materiales ferrosos cuando la inspección por partículas magnéticas es difícil de aplicar.

Imagen 32. Ensayo líquidos penetrantes.

ESCLEROMETRIA

Constituyen ensayos elementales que proporcionan una idea de la resistencia del hormigón.

Se funda en la correlación existente entre dicha resistencia y el rechazo de un martillo, o la huella impresa por una bola al chocar contra la superficie.

Se estima la resistencia a partir de la dureza superficial del hormigón.

PATOLOGÍA DE LA CONSTRUCCIÓN

Imagen 33. Ensayo esclerometría.

VELOCIDAD DE PROPAGACION

Es uno de los ENSAYOS NO DESTRUTIVOS mas interesantes en campo.

Se basan principalmente en la relación que existe entre la velocidad de propagación de una onda progresiva o impulso, a través de un medio homogéneo. Y las constantes elásticas del material, están ligadas con su resistencia.

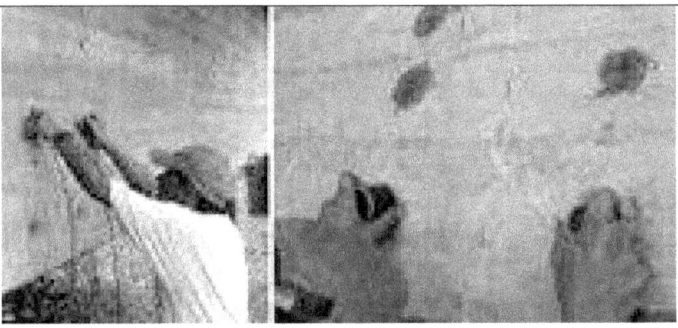

Imagen 34. Ensayo velocidad de propagación.

RESONANCIA

Los métodos no destructivos, para determinar la calidad del hormigón por resonancia están basados en la relación existente entre la frecuencia de resonancia de una pieza y la elasticidad del material.

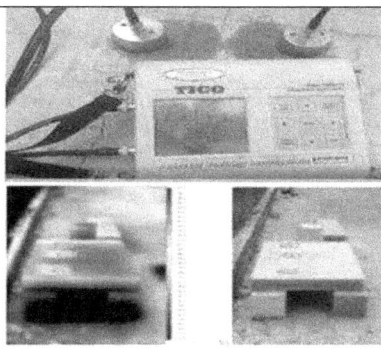

Imagen 35. Ensayo de resonancia.

MÉTODOS MIXTOS

Cada uno de los métodos expuestos posee limitaciones.

Como ensayo mixto se recomienda la realización de tres medidas ultrasónicas y seis determinaciones con esclerómetro, por zona de hormigón en estudio.

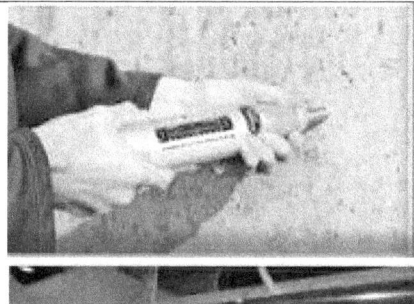

Imagen 36. Ensayo mixto.

21. CAPITULO 6:

22. RESUMEN ENCICLOPEDIA BROTO DE PATOLOGIAS DE LA CONSTRUCCION PAG. 31 A 37.

Para ampliar el conocimiento sobre temas patológicos en estructuras se recomienda consultar el documento denominado la Enciclopedia Broto de la Construccion (en la Web), a continuacíon se realiza un corto resumen de las páginas. 31 a 37.

23. INTRODUCCION Y DEFINICIONES

En este apartado se presentan y definen los conceptos generales que corresponden al estudio de las fallas y lesiones en la construcción, se presenta un desarrollo tipológico y luego se adentra en los conceptos que involucran el proceso de estudio, diagnostico e intervención de los elementos y materiales constructivos, finalmente se expone la normatividad legal vigente al respecto.

24. PATOLOGIAS CON STRUCTIVAS Y PROCESOS PATOLOGICOS

Por extensión la patología constructiva de la edificación es la ciencia que estudia los problemas constructivos que aparecen en el edificio o en alguna de sus unidades con posterioridad a su ejecución.

Usamos en este caso exclusivamente la palabra «patología» para designar la ciencia que estudia los problemas constructivos, su proceso y sus soluciones, y no en plural, como suele hacerse, para referirnos a esos problemas concretos, ya que en realidad son estos el objeto de

estudio de la patología de la construcción.

Para actuar sobre estos elementos constructivos, además de los estudios históricos previos, será fundamental considerar al edificio en cuestión como un objeto físico, compuesto por elementos con unas características geométricas, mecánicas, físicas y químicas determinadas y que pueden sufrir procesos lesivos o patológicos.

1.31 LESIONES

Las lesiones son cada una de las manifestaciones de un problema constructivo, es decir el síntoma final del proceso patológico.

Se pueden dividir en tres grandes familias en función del carácter y la tipología del proceso patológico: físicas, mecánicas y químicas.

1.32 LESIONES FISICAS

Son todas aquellas en que la problemática patológica se produce a causa de fenómenos físicos como heladas, condensaciones, etc. normalmente su evolución dependerá también de estos procesos físicos.

Las causas físicas más comunes son: humedad y suciedad.

1.33 LESIONES MECANICAS

Aquélla en la que predomina un factor mecánico que provoca movimientos, desgaste, aberturas o separaciones de materiales o elementos constructivos, pueden ser deformaciones, grietas, fisuras, desprendimiento de material y erosiones mecánicas.

1.34 LESIONES QUIMICAS

Se producen a partir de un proceso patológico de carácter químico, El origen de las lesiones químicas suele ser la presencia de sales, ácidos o álcalis que reaccionan provocando descomposiciones que afectan a la integridad del material y reducen su durabilidad. Este tipo de lesiones se subdividen en cuatro grupos diferenciados: eflorescencias, erosiones, corrosiones y organismos.

1.35 CAUSAS DE LA LESION

Si la lesión es la que origina el proceso patológico, la causa es el primer objeto de estudio porque es el verdadero ORIGEN de las lesiones. Un proceso patológico no se resolverá hasta que no sea anulada la causa. Cuando únicamente nos limitamos a resolver la lesión, descartando la causa, la lesión acabará apareciendo de nuevo.

Una lesión puede tener una o varias causas por lo que es imprescindible su identificación y un estudio tipológico de las mismas. Las causas se dividen en dos grandes grupos:

DIRECTAS, cuando son el origen inmediato del proceso patológico, como los esfuerzos mecánicos, agentes atmosféricos, contaminación, etc.

INDIRECTAS, cuando se trata de errores y defectos de diseño o ejecución. Son las que primero se deben tener en cuenta a la hora de prevenir.

25. INTERVENCIONES SOBRE LESIONES

1.36 REPARACION

La reparación es un conjunto de actuaciones, como demoliciones, saneamientos y aplicación de nuevos materiales, destinado a recuperar el estado constructivo y devolver a la unidad lesionada su funcionalidad arquitectónica original. Sólo comenzaremos el proceso de reparación una vez descrito el proceso patológico, con su origen o causa y la evolución de la lesión.

1.37 RESTAURACION

Cuando la reparación se centra en un elemento concreto o en un objeto de decoración hablamos de restauración.

La restauración entraña una gran dificultad para resultar coherente con el valor del edificio entendido como una entidad individual, tanto desde el aspecto arquitectónico, histórico y artístico, que permita la transmisión de sus valores a la posteridad.

Es por ello que, antes de intervenir en un edificio histórico, debemos tener siempre presente cinco puntos básicos: la intervención debe ser la mínima posible; debe respetar la antigüedad de los elementos constructivos; diferenciar lo existente que aún se encuentra en buen estado

de las zonas degradadas y no aplicar reglas generales, sino específicas para cada intervención.

1.38   REHABILITACION

La rehabilitación comprende una serie de posibles fases: un proyecto arquitectónico para nuevos usos; un estudio patológico con diagnósticos parciales; reparaciones de las diferentes unidades constructivas dañadas, y una restauración de los distintos elementos

y objetos individuales.

1.39   PREVENCION

El estudio de los procesos patológicos y sobre todo de sus causas, nos permiten establecer un conjunto de medidas preventivas destinadas a evitar la aparición de nuevos procesos.

En la prevención habrá que considerar, sobre todo, la eliminación de las causas indirectas, que afectan a la fase previa del proyecto y ejecución, así como al mantenimiento.

26. CAPITULO 7:

27. DESCRIPCION DE PROCESOS E INTERVENCIONES DE LA PATOLOGIA DE LA CONSTRUCCION.

A continuación se describen diferentes procesos e intervenciones de patología de la construcción, la causa de su origen:

1.40 Acción del Hielo sobre los Ladrillos

El volumen de agua se incrementa cuando se congela. Debido a estos fenómenos, aparecen grietas en el ladrillo. Este defecto se reduce considerablemente si la acumulación de agua se evita.

Imagen 37. Acción del hielo sobre ladrillo.

1.41 Alabeo

Son la consecuencia de la rotación de elementos debida, generalmente, a esfuerzos horizontales.

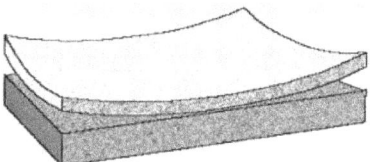

Imagen 38. Alabeo en losa de concreto.

1.42 Aluminosis

Con este término se denomina a todos aquellos procesos de degradación típicos de hormigones fabricados con cemento de alúmina, también denominado de bauxita. En realidad, en un único concepto se engloban tres fenómenos fisicoquímicos: la conversión de los cristales hexagonales en cúbicos, la carbonatación y la hidrólisis álcali-carbónica.

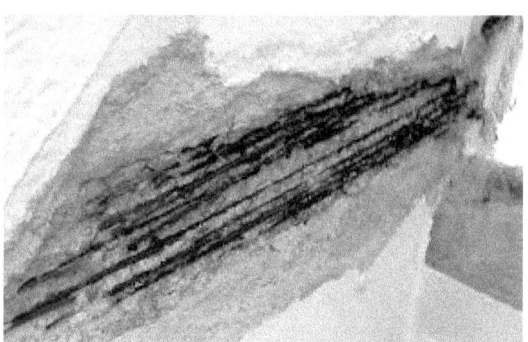

Imagen 39. Aluminosis en el concreto reforzado.

1.43 Ampollamiento

Formación de ampollas, burbujas huecas o gotitas de agua en una capa de pintura.

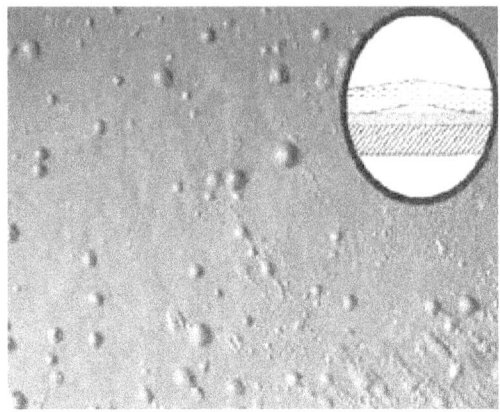

Imagen 40. Ampollamiento.

1.44 Ataques de los Sulfatos a los Morteros

Pueden tener varios efectos afectando por un lado al mortero, y por otra, a l concreto y a las armaduras de acero.

Los sulfatos contenidos en el agua reaccionan con el aluminato tricálcico del cemento portland dando lugar a ettringita expansiva (sulfoaluminato tetracálcico hidratado, también conocido como «sal de Candlot» o bacilo Michaelis).

La expansión de la ettringita produce fisuración, hinchazón y desprendimiento progresivo del mortero y del concreto.

1.45 Atracción Capilar

Movimiento de un líquido en los intersticios del suelo u otros materiales porosos, como resultado de la tensión superficial. También llamada capilaridad, efecto de capilaridad.

1.46 Caliche

El caliche es un depósito edáfico endurecido de carbonato de calcio.

Éste precipita cementando otros materiales, como arena, arcilla, grava o limo.

Se pueden encontrar caliches en todo el mundo, generalmente en regiones áridas o semiáridas como en Australia central y occidental, el desierto de Kalahari, el desierto de Sonora, desierto de Atacama y la altiplanicie de las Grandes Llanuras de Estados Unidos.

1.47   Capilaridad

Movimiento de un líquido en los intersticios del suelo u otros materiales porosos, como resultado de la tensión superficial. También llamada atracción capilar, efecto de capilaridad.

1.48   Comba

Efecto que se produce por el pandeo de un miembro o elemento; también llamado bombeo, convexidad.

También se define como la curvatura espontánea de una pieza de madera, debida a un proceso de secado desigual o a un cambio en su contenido de humedad; también llamada abarquillamiento.

1.49   Corrosión

Deterioro del metal o del hormigón debido a una reacción química o electroquímica, como resultado de su exposición a los agentes atmosféricos, químicos, etc.

Imagen 41. Corrosión.

1.50 Corrosión de Armaduras en el Hormigón Armado

Tanto el hierro como el acero expuestos se corroen cuando entran en contacto con el agua o la humedad. Los resultados de esta corrosión son un mayor volumen y expansión, lo que causa grietas en la el concreto e inclusive desprendimiento de material..

1.51 Defectos en Revestimientos Continuos

Los defectos en revestimientos continuos mas comunes son los siguientes:

1.52 Fisuras

Las Fisuras son aperturas longitudinales que afectan la capa exterior del elemento constructivo. En cambio, las Grietas son aperturas más anchas y profundas, que afectan todo el espesor del paramento u otro elemento constructivo.

1.53 Fisuras o Grietas Escalonadas en Redientes

Estas fisuras o grietas aparecen con tramos rectilíneos quebrados en ángulos rectos coincidentes con la geometría de las piezas cerámicas que forman el soporte del revoco.

1.54 Fisuras Ramificadas

Este tipo de fisuras se produce por los movimientos diferenciales entre la base y el revestimiento, o entre las diferentes capas del revestimiento por falta de adherencia entre las mismas.

1.55 Fisuras en Forma Cuarteada

Este tipo de fisuras, por lo general presenta una abertura mayor en el exterior que en el interior del revestimiento. Los bordes que delimitan la fisura sobresalen levemente con respecto a la zona intermedia donde se observa cierta concavidad.

1.56 Desprendimientos del Revestimiento

Nos referimos a la separación entre la base y el revestimiento. Esta patología se origina debido a las mismas causas que las fisuras, aunque en estos casos, con efectos de mayor intensidad.

1.57 Deformabilidad del Terreno

Característica que sirve para cualificar la resistencia de un suelo, elemento básico para calcular las cimentaciones.

La deformación de un terreno es condicionante de fundamental importancia para la elección y tipo de cimentaciones.

Las relaciones entre tensiones y deformaciones del terreno permiten evaluar los asientos (movimientos verticales) y los movimientos horizontales que una estructura puede sufrir.

Cuando se aplica un esfuerzo se produce una deformación que se obtiene a partir de la relación tensión/deformación, que por lo general es una relación compleja.

El grado de deformación depende de la naturaleza del terreno, del tipo de estructura, del índice de huecos del suelo y de la forma que es aplicada la carga. Es usual el empleo de fórmulas de la teoría de la elasticidad lineal, para condiciones adicionales de homogeneidad e isotropía.

1.58   Deformaciones del Material

Cualquier cambio en la forma, estructura o dimensiones de un material causadas por un esfuerzo o fuerza.

1.59   Degradación

Disminución gradual de las propiedades y características de un material, una estructura, un ecosistema, etc.

1.60   Degradación del Material

Pérdida paulatina de las propiedades originales de un material como consecuencia de diversos factores (agua de lluvia, filtraciones, rayos solares, contaminación, vibraciones, contacto con ciertos productos químicos, etc, o la combinación de varios de ellos) que actúan sobre la estructura misma del material produciendo diferentes patologías manifiestas de las siguientes formas:

- Erosión del Material
- Disgregación
- Corrosión (en estructuras y elementos metálicos tales como armaduras, vigas, etc.)
- Pudrición (en estructuras, revestimientos y pavimentos de madera)

1.61 Deslizamiento del Terreno

Corresponde a un movimiento del suelo, generalmente por acción de una falla o debilidad del terreno y se puede presentar de dos formas:

Deslizamiento Rotacional: (Hundimientos)
Son los desplazamientos de suelos o rocas blandas a lo largo de una depresión del terreno.

Deslizamiento Traslacional:
Consiste en movimientos de capas delgadas de suelo o rocas fracturadas a lo largo de superficies con poca inclinación.

La resistencia a desmoronarse depende del terreno. Por ejemplo, la arena seca tiene un menor ángulo de deslizamiento que la tierra compacta, que posee una mayor resistencia al desmoronamiento.

1.62 Desplome

Consecuencia de empujes horizontales sobre la cabeza de elementos verticales.

Los desplomes o pérdida de verticalidad es el síntoma más evidente de problemas de asiento en un edificio.

No es el primero en aparecer ya que, como se ha señalado, la primera sintomatología son las grietas y fisuras, pero los desplomes son, sin duda, la primera advertencia grave en el caso de que un cimiento hubiese cedido.

1.63 Desprendimientos de Material

Es la separación entre un material de acabado y el soporte al que está aplicado por falta de adherencia entre ambos, y suele producirse como consecuencia de otras lesiones previas, como humedades, deformaciones o grietas. Los desprendimientos afectan tanto a lo acabados continuos como a los acabados por elementos, a los que hay que prestar una atención especial porque representan un peligro para la seguridad del viandante.

1.64 Eflorescencias

Se trata de un proceso patológico que suele tener como causa directa previa la aparición de humedad. Los materiales contienen sales solubles y éstas son arrastradas por el agua hacia el exterior durante su evaporación y cristalizan en la superficie del material.

1.65 Fisuras

Son aberturas longitudinales que afectan a la superficie o al acabado de un elemento constructivo. Aunque su sintomatología es similar a la de las grietas, su origen y evolución son distintos y en algunos casos se consideran una etapa previa a la aparición de las grietas.

1.66 Fisuras en el Hormigón

Son roturas que aparecen generalmente en la superficie del mismo, debido a la existencia de tensiones superiores a su capacidad de resistencia. Cuando la fisura atraviesa de lado a lado el espesor de una pieza, se convierte en grieta.

Las fisuras se originan en las variaciones de longitud de determinadas caras del hormigón con respecto a las otras, y derivan de tensiones que desarrolla el material mismo por retracciones térmicas o hidráulicas o entumecimientos que se manifiestan generalmente en las superficies libres.

La retracción térmica se produce por una disminución importante de la temperatura en piezas de hormigón cuyo empotramiento les impide los movimientos de contracción, lo que origina tensiones de tracción que el hormigón no está capacitado para absorber. En general, no conllevan riesgos estructurales y deben ser estudiados caso por caso, por ser atípicos.

1.67 Fisuras en Fábricas

Son las producidas en las unidades de construcción, algunas son:

Fisuras Producidas por Asentamientos.

El gráfico a continuación muestra las diferentes formas en que la fábrica se fisura y agrieta debido a asientos en las cimentaciones.

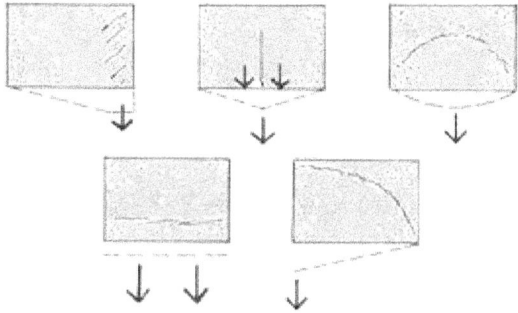

Imagen 42. Fisuras por asentamientos.

Fisuras Producidas por Empujes Verticales.

En el gráfico a continuación se muestran cómo se comportan las fábricas cuando son sometidas a empujes verticales.

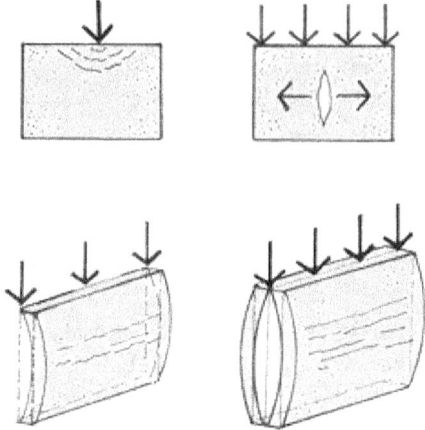

Imagen 43. Fisuras por empujes vericales.

Fisuras Producidas por Empujes Horizontales

El gráfico muestra el comportamiento de las fábricas sometidas a diferentes tipos de empujes horizontales.

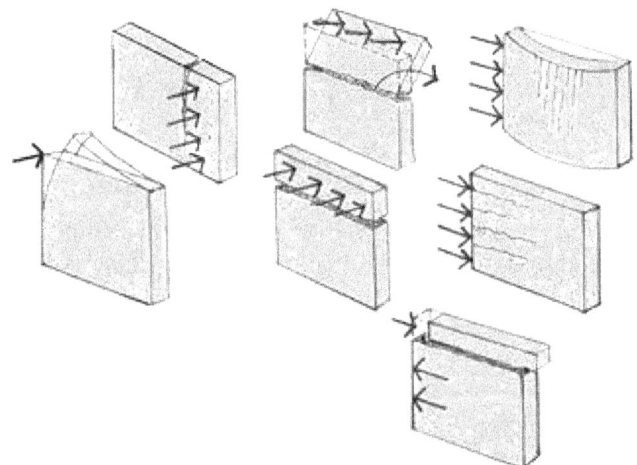

Imagen 44. Fisuras por empujes horizontales.

1.68 Flecha

Deformación que experimenta una viga sometida a flexión, debido a la presión ocasionada por la carga en su punto central.

Se denomina Flecha al efecto provocado en una viga, forjado, cubierta o cualquier otro elemento constructivo horizontal que se vea afectado por una fuerza vertical en algún punto interior del mismo.

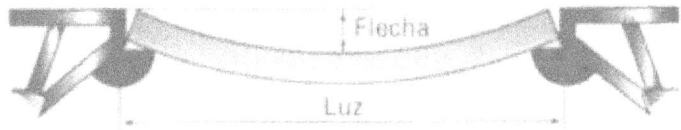

Imagen 45. Flecha.

1.69 Grietas

Se trata de aberturas longitudinales que afectan a todo el espesor de un elemento constructivo, estructural o de cerramiento. Conviene aclarar que las aberturas que sólo afectan a la superficie o acabado superficial superpuesto de un elemento constructivo no se consideran grietas sino FISURAS. Dentro de las GRIETAS, y en función del tipo de esfuerzos mecánicos que las originan, distinguimos dos grupos por exceso de carga y por dilatación.

1.70 Hendiduras

Una hendidura es una cisura o un tajo que se produce en una superficie sólida que no llega a separarse o dividirse.

1.71 Humedad Accidental

Aparece a causa de roturas o fugas. Por supuesto, también dependen de la eflorescibilidad del material, pero en general resulta sencillo encontrar la causa de la lesión.

1.72 Humedad Capilar

Es el agua que procede del suelo y asciende por los elementos verticales.

1.73 Humedad de Construcción

Es la que va saliendo al exterior a medida que se seca el edificio y que da lugar a las primeras eflorescencias.

1.74 Humedad de Obra

En la vida del edificio, son las primeras que se desarrollan y deben considerarse casi como inevitables, ya que prácticamente todos los materiales tienen siempre un mínimo de eflorescibilidad.

1.75 Humedad en la Construcción

Es la generada durante el proceso constructivo, cuando no se ha propiciado la evaporación mediante un elemento de barrera.

1.76 Humedad por Condensación

Aparecen, principalmente, en los materiales de excesiva

eflorescibilidad que se encuentran en los 'puentes térmicos' de los cerramientos exteriores.

Procede del interior del edificio y que, cuando se condensa, disuelve las sales del material de cerramiento y las arrastra hacia el exterior.

1.77   Humedad por Filtración

Se infiltra desde el exterior por absorción (debido a la porosidad del material) o a través de fisuras y grietas y que luego, en época de temperatura más alta, evapora y vuelve hacia el exterior.

Es consecuencia del agua de lluvia que, como se ha explicado con anterioridad, realiza un recorrido de ida y vuelta. Se suelen desarrollar en los materiales más efloresibles y son temporales.

1.78   Hundimiento de Muros de Contención

Los daños que normalmente sufren estas obras pueden de hecho limitarse a grietas, acompañadas o no de deformaciones en el plano del muro (abombamientos). En los casos más graves, se puede llegar a producir el vuelco de una parte del muro o, peor aún, la caída del conjunto del muro.

1.79   Lesiones Químicas

Son las lesiones que se producen a partir de un proceso patológico de carácter químico, y aunque éste no tiene relación alguna con los restantes procesos patológicos y sus lesiones correspondientes, su sintomatologia en muchas ocasiones se confunde.

El origen de las lesiones químicas suele ser la presencia de sales, ácidos o álcalis que reaccionan provocando descomposiciones que afectan a la integridad del material y reducen su durabilidad. Este tipo de lesiones se subdividen en cuatro grupos diferenciados:

1.80 Longitud Libre de Pandeo

Distancia entre dos puntos de inflexión de un elemento estructural sometido a pandeo. También llamada longitud eficaz de pandeo.

1.81 Longitud Virtual de Pandeo

Distancia entre dos puntos de inflexión de un elemento estructural sometido a pandeo.

También se la llama longitud eficaz de pandeo, longitud libre de pandeo.

1.82 Mal de la Piedra

Descomposición superficial de la piedra en forma de exfoliaciones, arenilla y desprendimiento de las capas externas. La erosión se debe principalmente a la polución, a aquellas sustancias que gravitan en la atmósfera, producto de la combustión, con lo cual se produce bióxido de azufre que provoca un proceso degenerativo en la piedra.

1.83 Manchas

Suelen aparecer por la acción combinada de humedades internas y el asoleamiento de la fachada.

1.84 Patología

La palabra patología, etimológicamente hablando, procede de las raíces griegas pathos y logos, y se podría definir, en términos generales, como el estudio de las enfermedades. Por extensión la patología constructiva de la edificación es la ciencia que estudia los problemas constructivos que aparecen en el edificio o en alguna de sus unidades con posterioridad a su ejecución.

1.85 Patología de la Madera

Enfermedades que pueden afectar a la madera no como elemento constructivo que cumple una función –estructura, revestimiento, carpintería– sino como material propiamente dicho.

1.86 Patología de las Cubiertas

Existen varios tipos de cubiertas, aunque a grandes rasgos se puede diferenciar entre dos: las cubiertas planas y las cubiertas inclinadas. Cada una de ellas tiene sus propias particularidades, así como sus propias patologías en función de la forma de construcción y de los materiales que se hayan empleado. Estas serían las principales patologías en base al tipo de cubierta y el material de construcción:

Patologías en cubiertas planas:

Acabado de grava:

Existencia de hongos derivados de la humedad.

Pérdida de grava.

Desprendimiento de los solapes, refuerzos y otros puntos.

Rotura de la lámina de protección.

Acabado de baldosa:

Rotura o desprendimiento de baldosas.

Deterioro de las juntas del solado.

Presencia de hongos que surgen por la humedad.

Acabado en tela asfáltica:

Envejecimiento y deterioro del material.

Desprendimiento de los solapes, refuerzos y otros puntos singulares de la cubierta.

Deterioro del encuentro de la tela asfáltica con los sumideros.

Deterioro del encuentro de la tela asfáltica con los elementos salientes como, por ejemplo, las chimeneas.

Patologías en cubiertas inclinadas:

Acabado en teja:

Desprendimiento o rotura de las tejas.

Existencia de humedad y moho entre las tejas o en los canalones.

Deterioro de los puntos singulares de la cubierta como canelones, cumbrera, limatesas, etc.

Acabado en chapa:

Envejecimiento de la tornillería y los anclajes.

Deterioro de los machihembrados y tapajuntas.

Desgaste de los puntos singulares de la cubierta como la cumbrera, los canalones, etc.

Como se aprecia, la mayoría de las patologías en las cubiertas, tanto planas como inclinadas, vienen ocasionadas por el envejecimiento y deterioro de los distintos elementos que encontramos en ellas. Esto se debe a la continua exposición a los elementos meteorológicos como cambios de temperatura, humedad, rayos solares, lluvias, etc.

Es conveniente, por lo tanto, revisar al menos una vez al año el estado de las cubiertas para detectar posibles lesiones como las comentadas con anterioridad, así como evitar filtraciones y problemas de humedad que suelen tener un coste elevado de reparación.

1.87 Patología de las Pinturas y Barnices

Se consideran Patologías de las Pinturas y Barnices a aquellas causadas por una aplicación defectuosa o bien por deterioro o mala preparación del soporte.

El paso del tiempo, las deficiencias constructivas, la exposición continuada a los agentes atmosféricos o la alta contaminación de las ciudades, son los principales causantes de las patologías de las fachadas. Sin duda, la piel de tu vivienda es la mejor carta de presentación, y su deterioro no solo supone un hándicap estético, sino que puede condicionar el valor de la propiedad.

Algunas patologías conocidas en pinturas y barnices son:

- Ampollamientos
- Grietas y fisuras
- Condensaciones / humedades en el interior de la vivienda
- Oxidación de elementos metálicos
- Contaminación
- Eflorescencias
- Falta de adherencia sobre el sustrato
- Humedad por capilaridad y filtraciones
- Desprendimientos del sustrato

1.88 Patologías en Ladrillos

Los defectos que se presentan en los muros de ladrillo pueden surgir del ladrillo mismo, por un mal diseño o especificación, por el uso de materiales de poca calidad, por falta de una buena construcción o especificaciones idóneas. A continuación se analiza la patología con los problemas más comunes y defectos en muros de ladrillo:

– Ataque por sulfatos

– Absorción de agua

– Corrosión del hierro y el acero

– Cristalización de sales

– Heladas

– Defectos debidos a una mala ejecución de obra.

1.89 Patologías en Pavimentos Asfálticos

Los pavimentos asfalticos presentan patologías como baches, ondulaciones u otras averías en antiguos pavimentos bituminosos pueden deberse a un proyecto del pavimento inadecuado para el tráfico existente, o a una compactación insuficiente durante la construcción o a ambas.

La aplicación incorrecta de las mezclas asfálticas puede producir diferentes tipos de averías como:

Ondulaciones superficiales

Las ondulaciones se producen por un exceso de asfalto, en especial en aquellas mezclas con elevado porcentaje de agregados, ésto puede originar la formación de ondulaciones en la superficie de rodadura.

Agrietamiento o desintegración de la capa superficial

Los agrietamientos o desintegración del material pueden deberse a un contenido insuficiente de asfalto en la mezcla.

Pavimento quebradizo

El agrietamiento por fatiga puede deberse a una deflexión excesiva del pavimento o que la mezcla sea quebradiza.
El pavimento quebradizo puede aparecer cuando el asfalto se ha endurecido excesivamente por cualquier causa o porque el contenido del asfalto ha sido insuficiente.

1.90 Acción del agua

Una de las principales causas de averías en la estructura de un pavimento es el agua.

Los pavimentos asfálticos pueden averiarse por defecto de la resistencia de la cimentación debido con frecuencia a un mal drenaje.

1.91 Electroósmosis

Fenómeno mediante el cual se produce el movimiento de las moléculas de agua inducido por un campo eléctrico en un medio poroso (paramentos y terreno). Con la aplicación de una diferencia de potencial se obtiene un desplazamiento del líquido.

El tratamiento de electroósmosis se aplica para combatir las eflorescencias y otras humedades por capilaridad.

Cada poro del material del muro y del terreno se considera como un capilar en contacto con una solución de agua que contiene iones negativos, no obstante en la proximidad de los muros se encuentran iones positivos o cationes, por ello se forma una doble capa compuesta de una capa fija correspondiente a cationes absorbidos por la superficie (el muro) y de una capa móvil o difusa. Al colocar los electrodos y aplicando una potencia diferencial, la capa móvil se trasladará hacia el electrodo negativo o cátodo, desplazando las moléculas de agua, este transporte del agua es denominado electroósmosis.

1.92 Entizamiento

Son zonas pulvurulentas, conocidas también como entizamiento se dan generalmente en los trabajos de repintado donde la película original de pintura ha sufrido un deterioro, ya sea por el paso del tiempo, por la mala calidad de pintura o en caso de superficies exteriores, por la acción de agentes atmosféricos. El pigmento queda desligado del aglomerante, por lo que éste tiende a decolorarse y disgregarse paulatinamente conviertiéndose en polvo.

1.93   Erosión del Material

Es la pérdida del mismo de forma superficial, provocada por acciones mecánicas entre las que distinguimos dos causas:

Impactos y Rozamientos:

Como consecuencia del uso continuo y habitual, provocan desconchones puntuales y desgastes en zonas accesibles, siendo más vulnerables las esquinas por su mayor nivel de exposición, lo cual exige soluciones que aporten mayor resistencia a las superficies.

Acción Eólica:

Es más notable en puntos altos y más expuestos de las fachadas (coronaciones, esquinas) donde el viento provoca una acción desgastante que erosiona el material.

Imagen 46. Erosion del material.

1.94 Patologías en Puentes

Los puentes pueden presentar diversos tipos de patologías las cuales son las siguientes:

Grietas y Fisuras

Las causas que originan las grietas y fisuras en puentes son:
- Incremento de cargas.
- Materiales de mala calidad.
- Inestabilidad elástica (Pandeo)
- Hormigón mal vibrado y mal curado.
- Hormigonado durante temperaturas ambiente extremas.
- Deslizamiento del terreno.
- Fallos en las cimentaciones.
- Temperaturas extremas.
- Enraizamiento de árboles y arbustos.

Deterioros en Hormigón y Fábricas

Estos deterioros en pueden aparecer en forma de coqueras, desprendimientos, nidos de grava, etc.

Sus causas pueden ser:
- Ausencia o pérdida de recubrimiento en las armaduras.
- Impermeabilización incorrecta o faltante.
- Ejecución de hormigonado con temperaturas ambientes extremas.
- Vibrado insuficiente del hormigón.
- Mala calidad del hormigón.
- Lavado de juntas entre ladrillos por filtraciones.
- Contaminación de áridos.
- Depósitos de sales de deshielos.
- Efectos por presencias de microorganismos.

Cimentaciones Socavadas

Existen diversos factores que pueden socavar los cimientos de los puentes:
- Cimientos inadecuados.
- Ausencia de soleras necesarias.
- Acción continua del agua.
- Inundaciones, riadas.
- Incorrecta ubicación de los cimientos en cauces.

Pilas Erosionadas

Las pilas de los puentes pueden verse afectadas por:
- Ausencia de tajamares (tajamar: construcción curva agregada a las pilas del puente para dividir la corriente del río) necesarios.
- Acción continua del agua.

Muros y Estribos con Deslizamientos o Cabeceos

Los muros y estribos de los puentes pueden sufrir deslizamientos o cabeceos originados en:
- Soluciones estructurales mal ejecutadas: Juntas, empotramientos, apoyos, etc.

- Incremento notable de cargas.
- Enraizamiento de árboles.
- Terreno mal compactado.
- Riadas, acción del agua.
- Deslizamientos de tierra.

Fallos en los Apoyos

Los apoyos de un puente pueden verse afectados por las siguientes causas:

- Dimensionamiento incorrecto de los apoyos.
- Exceso o falta de reacción vertical.

Fallos en las Juntas

- Dimensionamiento incorrecto de las juntas del puente.
- Impactos de las máquinas quitanieve.
- Desgaste o ausencia del material de la junta.

Estructuras Metálicas Oxidadas

Las estructuras metálicas de los puentes pueden sufrir los efectos de la oxidación originados en:

- Acción erosiva continua por fenómenos climáticos.
- Deformaciones por impactos o por el ataque de óxido.
- Ausencia de protección sobre las superficies metálicas.

Deterioros

- Por impactos producidos por el tráfico: en bordillos, barandillas, aceras, defensas, pretiles, etc.
- Por impactos en las vigas debido a la falta de gálibo (altura de paso en túneles y puentes).
- Por desgaste y envejecimiento.
- Por falta de mantenimiento.
- Rehabilitación de las Estructuras

PATOLOGÍA DE LA CONSTRUCCIÓN

Imagen 47. Patologías en puentes.

1.95   Patologías originadas por Instalaciones

Las Patologías originadas por Instalaciones provocan daños que pueden afectar al resto de elementos constructivos del edificio y suponen alrededor del 11% de la siniestralidad.

Estas patologías pueden ser:

Directas, cuando los fallos son provocados en la propia instalación, o bien

Indirectas, cuando los daños se localizan en elementos ajenos a la propia instalación.

Ejemplos más Comunes

Estos son algunos ejemplos de Patologías originadas por Instalaciones que se encuentran con frecuencia:

Taponamiento y rebose de aguas que taponan las tuberías disminuyendo la sección efectiva de las mismas.

Desplazamiento, desprendimiento y/o rotura de los tubos que componen la red

Humedades en la construcción y deterioro de pavimentos o revestimientos por fallo en las uniones de tuberías

Condensación y congelación por la falta de aislamiento en las tuberías

Corrosión de las tuberías por falta de protección exterior, empleo de materiales no adecuados o trabajo a temperaturas excesivas.

Corrosión y manchas en falsos techos.

Daños en elementos estructurales por el paso de instalaciones en zonas no previstas

Imagen 48.Patologias originadas por instalaciones.

1.96   Patologías por Acciones Sísmicas

Son las producidas por los terremotos o sismos, que consisten en la liberación repentina de la energía acumulada en la corteza terrestre en forma de ondas que se propagan en todas direcciones.

Los daños producidos por los terremotos y su magnitud dependen de varios factores:

- La fuerza del movimiento
- La duración de la sacudida
- El tipo de suelo, ya que modifica las características de las sacudidas

- Tipología de las construcciones
- Cimentación inadecuada, insuficiente o mal arriostrada
- Terrenos con pendiente pronunciada falta de separación entre edificios colindantes

Uno de los factores determinantes de la vulnerabilidad reside en la insuficiente ductilidad de las estructuras edificatorias, es decir su comportamiento frágil frente a los sismos.

28. DAÑOS EN ESTRUCTURAS DE HORMIGÓN ARMADO

1.97   Daños Directos

Los daños directos se originan inmediatamente en las estructuras de las construcciones, durante los terremotos.

Existen diversos grados dentro de los daños directos, hasta llegar al colapso de la estructura. Aunque una acumulación de daños leves a moderados puede llevar a considerar la ruina económica del edificio, procediendo su demolición.

1.98   Daños en Elementos Verticales

Deslizamiento o punzonamiento de los pilares en los capiteles de las estructuras reticulares provocadas por tensión diagonal.

Agrietamiento inclinado de los pilares, provocado por tensión diagonal. Las grietas pueden orientarse en una dirección, o en dos formando gerson bladimir vasquez vasquez estuvo aqui una cruz, por efecto de la inversión de esfuerzos.

Agrietamiento inclinado de los pilares en una sola dirección, sobretodo en estructuras que sufren asentamientos diferenciales antes o durante el terremoto.

Desprendimiento y desmoronamiento del hormigón en los pilares, así como pandeo del acero de refuerzo.

Agrietamientos diagonales en cruz en muros de carga, provocados por tensión diagonal al haber exceso de carga en ambos sentidos.

1.99 Daños en Elementos Horizontales

Desmoronamiento inclinado de las vigas en la proximidad de sus extremos provocado por la tensión diagonal. Pueden aparecer dos grietas formando una cruz como consecuencia de la inversión de esfuerzos.

Desprendimiento y desmoronamiento del hormigón en la parte inferior de las vigas cerca de la unión con los pilares, debido al exceso de compresión por flexión y al pandeo del acero de refuerzo del lecho inferior de las vigas. En algunos casos puede existir el mismo tipo de daño en la parte superior e inferior de las vigas causado por inversión de momentos flectores.

1.100 Daños Indirectos

Los daños indirectos son los producidos por fuego, por la liberación de materias peligrosas, inundaciones por fallo de diques o presas, desprendimientos de objetos o de elementos estructurales o no estructurales, etc.

PATOLOGÍA DE LA CONSTRUCCIÓN

Imagen 49. Patologías por acciones sísmicas.

1.101 Patologías por problemas en Cimientos

Son las causadas por problemas en la cimentación y en la edificación causan problemas cuando tanto la resistencia como la deformabilidad del terreno no son constantes y pueden ser afectadas entre otras, por causas como:

- Modificaciones en el contenido de humedad.
- Lavado de áridos.
- Disoluciones.
- Actividades de la construcción en área próxima.

Entre los diversos factores que generan fallos, encontramos tres grupos:

1. Cimientos: Deterioro de los materiales

2. Cimientos: Mal comportamiento

3. Acción de las Cargas: Incremento o variaciones no contempladas por proyecto

A continuación, señalaremos las causas más frecuentes de fallos de acuerdo al Tipo de Cimentación.

Cimentación Superficial

En las cimentaciones superficiales pueden ocasionarse fallos por alguna o la combinación de las siguientes causas:

- Socavación y arrastre de finos.
- Cimentación apoyada sobre rellenos mal compactados o flojos.
- Existencia de arcillas expansivas o suelos colapsables.
- Existencia de zanjas rellenas mal compactadas.
- Hundimiento de oquedades o cavernas no detectadas en etapa de estudio inicial.
- Cimentaciones en laderas, donde pueden producirse fenómenos de reptación o deslizamientos provocados por la excavación.
- Heterogeneidad de la cimentación o del terreno, que provoca asientos diferenciales entre apoyos.

Cimentación Profunda

En las cimentaciones profundas pueden ocasionarse fallos por:

- Rozamiento negativo.
- Los empujes laterales sobre pilotes pueden provocar esfuerzos de flexión no calculados en el dimensionamiento.
- Muros y Pantallas

En muros de contención y pantallas puede ocurrir:

- Fallo en los apuntalamientos o en anclajes.
- Acción del agua por empuje sobre el trasdós del muro como consecuencia de sobreelevaciones del nivel freático.
- Valoración incorrecta de las acciones.

Otros

Por movimientos sísmicos en terrenos granulares saturados, puede ocurrir licuefacción.

La congelación y/o descongelación del terreno puede producir asientos o levantamientos del terreno.

Imagen 50. Patologías por problemas en cimentaciones.

1.102   Recalces

Consisten en la transferencia de cargas a elementos de cimentación de mayor superficie que los cimientos originales o apoyados en niveles inferiores; pero sin llegar a profundidades considerables.

Causas que pueden dar lugar a un recalce. A pesar de que cada recalce resulta distinto en parte o en todo a los demás, las causas generales que pueden dar lugar a este tipo de actuaciones pueden clasificarse en cuatro grandes grupos:

- Las que se derivan de un defecto del proyecto.
- Las originadas por un defecto de ejecución.
- Las derivadas de una variación en las condiciones del entorno de la estructura.
- Las motivadas por variaciones en las hipótesis con arreglo a las que se proyectó originalmente la estructura.

Las dos primeras corresponden a actuaciones que han de resolver situaciones patológicas, que evidentemente no deberían existir si la obra se proyectó y construyó correctamente. Sin embargo, resultan harto frecuentes en la práctica habitual. De hecho, por poner un ejemplo, las estadísticas de las compañías aseguradoras más importantes reflejan que la siniestralidad asociada a los defectos de cimentación es del orden del triple de la originada por cualquier otra causa en el ámbito de la construcción. Por otra parte, de entre las causas particulares que dan lugar a una obra defectuosa, las mismas estadísticas reflejan contundentemente cómo una gran parte de los siniestros se producen por ausencia, insuficiencia o mala interpretación de los reconocimientos geotécnicos. De los datos anteriores se deriva directamente la gran trascendencia de investigar y analizar con detalle el terreno, algo que, desgraciadamente, a menudo se infravalora en su importancia. En cuanto a las variaciones del entorno de la estructura, también algunas de estas causas deberían o podrían preverse de antemano, al menos las más frecuentes. Entre ellas cabe destacar las alteraciones originadas por construcciones y obras próximas a la estructura (excavaciones, vibraciones, rebajamientos del nivel freático por bombeos cercanos, etc).

Finalmente, el cuarto grupo es quizás el único que no es previsible de antemano, dado que supone un cambio sustancial en la concepción original de la obra: incremento de alturas del edificio, excavación de nuevos sótanos, aumento de sobrecargas por cambios de uso, etc.

Los principios para la realización de un recalce con éxito son los mismos de antaño: mínima interferencia con la construcción existente y transferencia de las cargas a la nueva cimentación de modo adecuado. Sin embargo, hoy existen nuevas técnicas, por ejemplo, la del hormigón pretensado, que hacen más fácil esta labor.

Fases de un recalce.

En un caso general, el recalce puede tener las siguientes fases:
- Refuerzo y apoyo provisional de la estructura, si se precisa.
- Transferencia de cargas de la cimentación primitiva al apoyo provisional.
- Construcción de la nueva cimentación.
- Transferencia de las cargas a la nueva cimentación.

PATOLOGÍA DE LA CONSTRUCCIÓN

Imagen 51. Recalce de cimentación.

1.103   Testigo

Elemento de yeso o de vidrio que se coloca sobre grietas y fisuras a fin de detectar si la grieta está activa, es decir si hay movimiento estructural o de cimientos (por asiento del terreno y otros motivos).

El método más sencillo y eficaz para el control de grietas es la instalación de testigos de yeso o vidrio en los puntos más significativos de las grietas representativas, anotando la fecha de su colocación.

Cuando se produce un movimiento estructural lo primero en aparecer son grietas o fisuras. La forma de analizar el problema es realizando una inspección de la grieta describiendo cantidad y ubicación de las mismas y realizando fotografías para elaborar un informe que formará parte del estudio técnico que corresponda. Siempre conviene realizar un dibujo en planta y alzados indicando el lugar de cada fisura, los huecos de puertas y ventanas (son los sectores más débiles donde se acumulan más tensiones).

Para decidir el sistema a emplear, debe tenerse en cuenta la rigidez del material testigo respecto a la intensidad y velocidad de avance de la grieta. Los testigos de vidrio son más sensibles a los movimientos que los de yeso, con lo cual su aplicación permitirá detectar movimientos de menor escala.

Los testigos de yeso permiten observar la evolución de fisuras y grietas.

Si su avance es muy lento, ésto puede llevar años. No obstante, se pueden colocar testigos sobre fisuras de forma preventiva, comprobando periódicamente su estado para determinar si la grieta evoluciona en forma rápida, lenta o no avanza y está detenido el movimiento. Este método permite controlar cualquier riesgo sobre la seguridad estructural

Tipos de testigos:

Testigo de Yeso

Testigo de Vidrio

Al colocar el testigo se marca la fecha, y cuando el testigo se rompe, se va indicando la fecha en que se produjo y se coloca otro en su proximidad. Así se podrá evaluar si el asiento está activo y a qué velocidad se produce la deformación.

Imagen 52. Testigos en grietas.

1.104   Testigo de Vidrio

Testigo empleado en el control de grietas en el exterior, en sustitución de los testigos de yeso.

Los testigos de vidrio consisten en un trozo de este material, de dimensiones aproximadas de $7 \times 3 \times 0.1$ cm, pegado a ambos lados de la grieta, tomando ambos lados de la misma mediante un adhesivo adecuado (resina).

Estos testigos son mucho más sensibles a los movimientos que los de yeso, lo cual permite detectar movimientos mínimos. Suelen dar más fallos que los testigos de yeso.

Imagen 53. Testigo de vidrio.

1.105 Testigo de Yeso

Pequeña tira de yeso (escayola) que se coloca fresca sobre una grieta, alisando la superficie y anotando sobre ella la fecha de colocación para su control.

Si el testigo de yeso se rompe, repitiendo la grieta, quiere decir que aún está viva y se puede ver su traza, velocidad, etc. Este recurso de emplear yeso permite averiguar si las grietas o fisuras siguen activas aunque sólo dan una idea a nivel cualitativo. Pero solo se usa en interiores por las características higroscópicas del yeso.

Para la medición de grietas, debe hacerse el testigo de yeso sobre la "obra viva" (nunca sobre revestimiento, sea pintura, enlucido o revoco) y anotar allí mismo la fecha en que se ha colocado.

Cuando el testigo se rompe, debe anotarse la fecha en que se produjo la inspección y se procede a colocar otro en su proximidad. Así podrá evaluarse la velocidad a la cual se produce la deformación.

Imagen 54. Testigos de yeso instalados en grietas de muro en mampostería.

1.106   Daños en elementos no estructurales

Los elementos no estructurales pueden presentar daños como:

DESCRIPCION DE LOS DAÑOS

1.107   Fisuras en tabiquería o en cerramientos que apoyan sobre elementos estructurales.

Generalmente este tipo de fisuras en tabiquería no implica inseguridad de la edificación, tan solo una incompatibilidad de deformación con los forjados, presentando problemas estéticos que puede ocasionar molestias a los usuarios. Aunque puede darse el caso de que sean síntomas de un bajo nivel de seguridad si se han debido a secciones insuficientes o cargas excesivas.

En caso de que la tabiquería apoye en vigas que flectan, al estar adherida la tabiquería al forjado y flectar la viga inferior, la fisura será horizontal, cerrándose en los extremos.

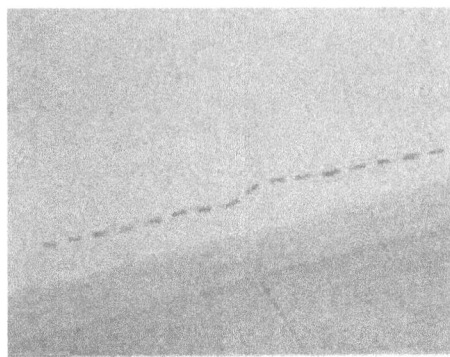

Imagen 55. *Daños por la incapacidad de la tabiquería para asumir las deformaciones de la estructura*

Si la tabiquería apoya en brochales que flectan, la fisura sería abierta cerrándose a medida que se alejara del centro de la luz de la viga. El tabique que apoya sobre la viga que embrochala rompería con fisuras inclinadasdescendiendo a medida que se aleja del brochal.

Si en cambio las particiones interiores apoyan en viguetas, si éstas flectaran, la fisura tendría una abertura constanteen sentido transversal a las viguetas.

Cuando las viguetas tienen cambios bruscos de rigidez, al ser de luces diferentes, podrían aparecer fisuras cerradas en distintos planos, a lo largo de toda la vigueta, sin llegar a los apoyos.

Si las viguetas no tuvieran rigidez suficiente y la tabiquería se colocara en sentido transversal a ellas y muy adherida al forjado superior las fisuras serían horizontales y abiertas por igual en toda su longitud. Si la tabiquería estuviera construida en sentido de las viguetas o nervios de un forjado reticular las fisuras serían abiertas en el centro de la luz cerrándose a medida que se acercan al apoyo.

En el caso de los cerramientos, si éstos tienen rigidez suficiente y están muy adheridos al forjado inferior, con el exceso de flexión aparecería una fisura horizontal abierta, cerrándose a medida que se aleja del centro de la luz (fig. 1, vano A). Si flecta el forjado y la viga tiene insuficiente rigidez surgiría una fisura entre ambos elementos, quedando una abertura entre la viga y el cerramiento.

Cuando el cerramiento sigue la flexión del forjado, aparecen fisuras seccionando la fábrica.

Si el cerramiento está adherido a los pilares podrían aparecer fisuras inclinadas que irían del centro del tabique a la unión entre ambos elementos así como una fisura vertical en el centro del vano, abierta en su parte inferior en la unión del cerramiento con el forjado (fig. 1, vano B). Si existieran huecos las fisuras serían iguales a las inclinadas anteriores (fig 1, vano C).

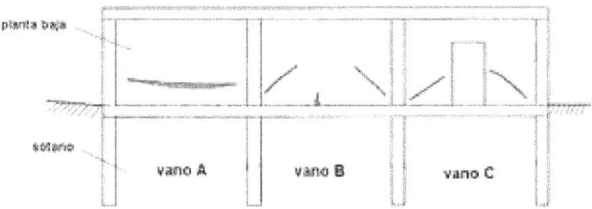

Imagen 56. Distintos casos de fisuras en cerramientos.

Si tenemos un forjado de gran luz que empotra en una viga de borde o de fachada éste hace que la viga gire hacia el interior de la edificación, se manifestaría con una fisura abierta en fachada y en distintos planos que se va cerrando a medida que se acerca a los pilares.

Si el forjado apoya sobre muro de carga se deforma con levantamiento de las cabezas de las viguetas, apareciendo unafisura abierta en horizontal a lo largo de la fachada.

Este tipo de fisuras se da principalmente en plantas de sótano o plantas bajas diáfanas, ya que en planta baja se reciben todas las cargas transmitidas, por lo que su forjado es el más solicitado; si la parte inferior es diáfana, nada se opone a su deformación:

En el caso de los sótanos diáfanos, si los cerramientos y tabiques de la planta superior (planta baja) están muy adheridos al forjado inferior la fisura suele ser horizontal abierta, cerrándose a medida que se aleja del centro de la luz.

Los tabiques de planta baja sobre soleras, que estén retacados en su parte superior con el forjado primero, reciben las cargas de las plantas superiores. Si son de poca altura partirían con fisuras finas y verticales por aplastamiento, pero si fuera muy alto la rotura surgiría por pandeo con fisuras horizontales abiertas por una cara y cerradas por la otra.

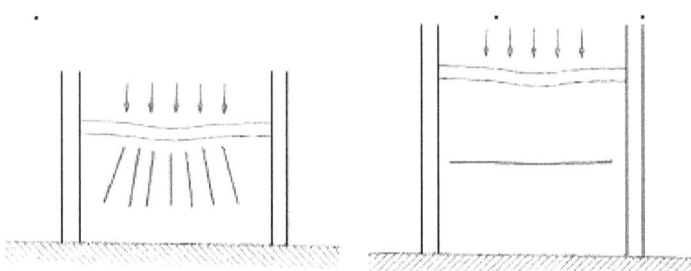

Imagen 57. *Fisuras en tabiques de planta baja (poca altura y esbelto).*

1.108   Fisuración o rotura de tabiques, ventanales, etc sobre los cuales apoyan elementos estructurales.

En el caso de flecha negativa en vigas, que podría darse por ejemplo en pórticos de 3 vanos donde la viga interior es de luz pequeña y las de los vanos contiguos poseen luces muy grandes, al elevarse ésta, las fisuras que aparecerían en los tabiques serían verticales debido al aplastamiento que se produciría en el tabique si éste está muy retacado con el forjado superior.

1.109   Fisuras en voladizos.

En caso de vigas en voladizos inferiores, cuando el cerramiento está muy adherido al pilar y flecta también el forjado superior, la fisura sería a 45° cortando la fábrica. Si el mortero tuviera menor resistencia o adherencia que el ladrillo se marcarían las llagas en la fábrica.

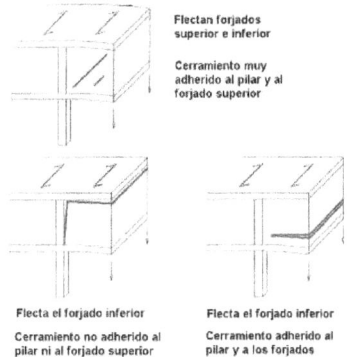

Imagen 58. Esquemas de fisuras debidas a la flexión de voladizos

En zunchos de borde, en los extremos de voladizo, la flecha excesiva de éstos ocasiona fisuras que tienden a formar un arco de descarga (sucede con más frecuencia en voladizos de plantas inferiores).

La flecha de viguetas de voladizo que soportan cerramientos en sus extremos ocasiona fisuras en fachada con abertura constante en toda su longitud, en el sentido del vuelo, cerrándose al aproximarse al pilar.

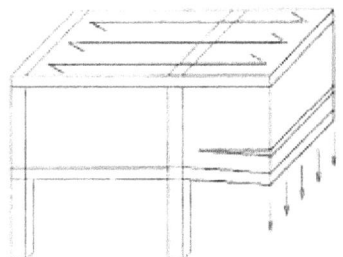

Imagen 59. *Fisura en voladizo de viguetas.*

1.110   Grietas o rotura en solerías o pavimentos

ORIGEN DE LOS DAÑOS

Los daños en los elementos no estructurales tales como cerramientos, tabiquerías, carpinterías, dinteles, etc se deben a:

- Planteamientos incorrectos de los parámetros de cálculo, en la fase de proyecto:
  - Exceso de flecha de los elementos estructurales sobre los que apoyan o que están ligados a ellos.
  - Excesiva flexibilidad o deformabilidad de los forjados y/o vigas por falta de rigidez de las vigas o viguetas, exceso de carga, falta de armadura, etc.
  - Retacado (rellenar apretadamente por percusión una junta o hueco, con un material de relleno) excesivo de los tabiques en los forjados superiores (empleo de retacados muy rígidos, tales como morteros de cemento).
  - No permitir la deformación del elemento (de los forjados o las vigas)
  - No compensar las cargas en el caso de vigas de vanos contiguos o que conforman una junta de dilatación.
  - Desapuntalado prematuro.
  - No tener en cuenta las sobrecargas de las plantas superiores, es decir, no prever la transmisión de cargas de los forjados superiores.
  - No calcular las deformaciones o hacerlo de forma incorrecta (por ejemplo considerar la misma deformación en vigas de menor luz que en las de grandes luces). No prever deformación por flecha diferida en voladizos.
  - No considerar la torsión en el caso de vigas en voladizo, además de la flexión, ocasionado por las viguetas y los zunchos de borde.

- Defectos en la ejecución, algunos podrían ser:
  - No colocar zunchos de borde.
  - No colocar armadura de reparto en la capa de compresión.
  - Diseño de dinteles con insuficiencia mecánica (ya que a veces tienen que soportar las cargas que les transmiten los forjados).
  - Omisión de vibrado, creándose coqueras.
  - Omisión de negativos o discontinuidad en las viguetas.
  - Obtención de un hormigón de resistencia muy deficiente.
  - Espesores insuficientes de forjados, vigas, etc.
  - Vuelos mayores de los previstos en cálculos

o   Ejecución de voladizos de con dimensiones diferentes a las proyectadas originando cambios bruscos de deformaciones.

1.111   Incidencia del factor térmico como origen de las patologías en una edificación

El factor térmico incide en las características de los materiales y elementos constructivos frente a la variación de temperatura van a depender de los siguientes condicionantes:

- Condiciones ambientales.
- Tipología de edificación (luces, geometría y dimensiones, soluciones empleadas…).
- Exposición del edificio o de los elementos constructivos a los agentes térmicos.
- Tipología de los materiales (madera, acero, hormigón…).
- Características de los materiales: la conductividad térmica, coeficiente de dilatación, calor específico, resistencia, retracción, etc.
- Condiciones de aislamiento.

Los daños ocasionados por las variaciones térmicas, bien por los movimientos de dilatación o por la contracción del hormigón durante su fraguado pueden ser:

1. **Fisuras en:**
   - Zapatas pueden aparecer fisuras superficiales que pueden tener hasta 0,4 mm de anchura y llegando hasta el nivel de la armadura superior.
   - Muros de sótano, fisuras verticales.
   - Pavimentos losas y techos, aparecen espontáneamente, a intervalos regulares, en dirección normal al sentido de las tracciones y de un espesor regular.
   - Fachadas de ladrillo aparecen fisuras en esquinas (de 1/2 pie), en el tabique de cámara alrededor de marco de ventanas, de forma vertical en jambas de ventanas (cuando la fábrica vuelve formando la jamba), bajo cargaderos metálicos, de

forma vertical en el centro del vano con grandes luces entre pilares.

Imagen 60. Desprendimiento de canto de forjado (se han retirado algunas piezas para comprobar el apoyo en el forjado) y fisura vertical en esquina, situada a medio pie de la arista.

1. Grietas de contracción, paralelas entre sí y entre aproximadamente 0,3 y 1 metro, bastante profundas (por retracción plástica del hormigón).

2. Rotura de los muros que son atravesados por tuberías de agua caliente, en caso de no disponer de junta.

3. Deterioro y rotura de elementos: solados, depósitos, orificios de anclaje de macizos de hormigón, canalones, bajantes, tableros cerámicos, etc. (por la acción del agua al congelarse).
En cubiertas, se produce el deterioro de las láminas impermeabilizantes, provocando reblandecimiento, descomposición de asfaltos.

4. Descamación

5. Pandeo, abombamiento y desprendimientos de elementos. En los pavimentos y las fábricas de ladrillo. Por ejemplo, en las uniones de los forjados de cubierta con el peto, se pueden producir desprendimientos de las plaquetas de los frentes de forjado.

Imagen 61. Abombamiento de fachada

7. Cizalladura en las sogas de los ladrillos, desconchándose.
8. Fendas superficiales en la madera, por cambios bruscos de temperatura, lo que posibilita la acción de hongos y penetración de humedad, favoreciendo así el ataque de insectos xilófagos.

- Origen
- No consideración de dilataciones térmicas en proyecto y cálculo de la estructura.
- Planteamientos incorrectos en proyecto y ejecución de los elementos constructivos en cuanto a encuentros, uniones y en cuanto a las juntas de dilatación y/o contracción, con incluso omisión de las mismas, produciéndose empujes perjudiciales.
- Acción expansiva del agua al congelarse.
- Ausencia de apoyos deslizantes en elementos de grandes luces que impiden la libre dilatación o absorción de los movimientos de dilatación y contracción.
- La sucesiva y continuada contracción-dilatación de los materiales, provocada por su exposición a variaciones térmicas reiteradas y extremas.

- Incumplimiento de condiciones de hormigonado en tiempo caluroso o frío.
- Gradiente térmico existente entre el interior de piezas de hormigón debido a una mayor temperatura por el calor de fraguado y el exterior más frío.
- Inadecuado curado del hormigón: curado con agua fría de las superficies calientes de una pieza o durante períodos insuficientes.
- Efectos térmicos en construcciones industriales: pasos de tubería de agua caliente, chimeneas de hormigón (falta de cámara de aire entre el refractario y el hormigón), depósitos de agua, en los que pueden producirse choques térmicos, etc…

1.112 Agresividad del suelo a estructuras de cimentación

Un suelo puede ser perjudicial y declarado agresivo cuando en contacto con los concretos, degrada las cimentaciones.

La agresividad de un suelo puede deberse fundamentalmente a la existencia de sulfatos solubles u otros componentes químicos; los sulfatos generan componentes que provocan una fuerte expansión en el material (etringita) hasta su destrucción.

Este es un factor de importancia a tener en cuenta en ciertos suelos para proyectar las cimentaciones; por ello se emplean cementos especiales sulforresistentes, según la concentración de sulfatos y respetando la normativa legal vigente.

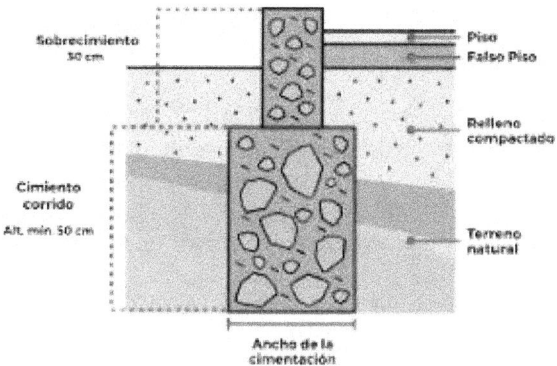

Imagen 62. Suelo y cimentación.

1.113 Patologías por arcillas expansivas. Naturaleza y comportamiento

DESCRIPCIÓN Y ORIGEN DE LOS DAÑOS

Aconinuacion se describen las patologías por arcillas expansivas y el origen de los daños.

DESCRIPCIÓN

El comportamiento de este tipo de suelos frente a los cambios de humedad (problema que se acusa con los cambios estacionales debido a los ciclos de humectación-desecación así como a la ascensión del nivel freático) da lugar a la variación de su volumen, produciéndose movimientos por los asentamientos diferenciales de la cimentación, lo que puede llevar a la estructura a soportar esfuerzos superiores a los previstos en cálculo y por tanto producir patologías no admisibles, que pueden ser:

· **Grietas verticales e inclinadas en ambos sentidos**.

Estos suelos provocan problemas de arrufo y quebranto combinados por empujes horizontales, que se manifiesta en fisuraciones en paramentos de fachadas:

- Por arrufo o cedimiento de la cimentación en la parte central del edificio.

- Por quebranto o cedimiento de la cimentación en dos extremos al mismo tiempo.

· **Fisuración y rotura de elementos estructurales:**

Fisuración de cortante en nudos de entramado, trabajo en ménsula con grietas horizontales y/o inclinadas, rotura de forjados, vigas, muros de carga con grietas inclinadas y horizontales, etc. El asiento diferencial excesivo da lugar al movimiento de los pilares o grupos de pilares, superándose el límite elástico de algunos elementos estructurales. Estos daños se manifiestan en principio en las fachadas ya sean portantes o no con las grietas anteriormente expuestas.

· **Rotura de cimentación.**

- Zapatas aisladas y/o corridas: despegue de cimentación, grietas horizontales por empujes y grietas inclinadas por asiento diferencial.
- Losas: Grietas de flexión y distorsiones que pueden desembocar en giros y rotura de la misma. Pilotes: En obras antiguas, rotura de pilastras por cambio del estado de cargas, roturas por flexión, cortante o flexión, empujes sobre vigas riostras y los encepados, hundimientos por retracción del suelo, etc.
- Muros de sótano: Grietas por empujes laterales.

· **Deformación de pavimentos.**

· Rotura de conducciones, enfatizando aún más el problema al producirse la rotura de colectores que suministran agua al edificio.

ORIGEN

El origen de las patologías por arcillas expansivas, depende directamente de tres factores que pueden interaccionar entre si y que son:

- La naturaleza geológica y geotécnica del suelo y en concreto el porcentaje de contenido en finos para su caracterización.

- El grado de expansividad a determinar en función de los diferentes ensayos enunciados.
- Cambios de humedad. Debido a la estación en la que nos encontremos o por otros factores externos tales como rotura de tuberías de abastecimiento de agua, de saneamiento, zonas de riego abundante, existencia de árboles de crecimiento rápido y hoja caduca próximos al edificio, etc., se produce la hidratación y deshidratación del terreno.

29. ARCILLAS EXPANSIVAS. NATURALEZA Y COMPORTAMIENTO

Como introducción para el estudio de las patologías producidas por arcillas expansivas, es importante conocer su origen, naturaleza y base por tanto de estudio para su comportamiento frente a los cambios de humedad.

Las arcillas expansivas, pertenecen a un grupo mineralógico muy amplio de materiales de naturaleza química silícea denominados silicatos. Dentro de estos, en función de la distribución de los tetraedros de SiO_4^4 se clasifican sistemáticamente dentro de los Filosilicatos o silicatos laminares. Así, a grandes rasgos y en función del tipo de arcilla, entre lámina y lámina, se emplazarán en mayor o menor medida las moléculas de agua que producirán el hinchamiento.

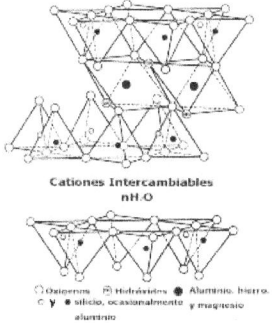

Imagen 63. Estructura química general de las arcillas.

Las arcillas provienen de la alteración físico-química por acción principalmente del agua, de minerales que forman parte de otras rocas preexistentes, en función de que roca se altera y en que grado, se originan una serie de minerales denominados "minerales de la arcilla".

PATOLOGÍA DE LA CONSTRUCCIÓN

30. CAPITULO 8:

31. EJEMPLO DE ESTUDIO PATOLOGICO DE UNA VIVIENDA:

Se procede con la visita y recorrido de una edificacion u obra civil y en ella identifica las patologías (lesiones) de tipo físico, químico y mecánico; y su respectivo registro fotográfico, se procede a elaborar un informe sencillo haciendo un análisis de cada fotografía explicando en cada una de ellas, los elementos que la componen, haciendo claridad en la patología de tipo constructiva u otra, sus características y diagnóstico (¿por qué esta ahí?).

A continuación se da desarrollo al ejemplo:

32. INFORME VISITA Y RECORRIDO A EDIFICACIONES

Nombre del predio: VIVIENDA FAMILIA CASTILLO MOLINA.

En esta ocasión he escogido la vivienda para realizar visita, recorrido e identificación de lesiones patológicas, la cual está ubicada en la ciudad de Cali – Colombia, barrio Mojica 2, Cra 28 e6 # 82 -02 en la comuna 15, este análisis se realiza con el objetivo de identificar y conocer cuáles son las patologías presentes en la vivienda con el fin de dar una propuesta de intervencion.

Imagen 64. Imagen del predio visitado.

Durante el recorrido se detectan varios tipos de lesiones en la vivienda, algunas de carácter físico, otras de carácter mecánico y otras de carácter químico.

Lesiones detectadas en baño.

1.114   LESION FISICA DEBIDO A HUMEDAD DETECTADA.

Se detecto lesión física causada por humedad, la cual es de tipo humedad de filtración procedente del exterior de la estructura por el uso de agua proveniente de la ducha y que ha penetrado el mortero de repello en los muros del baño provocando el desprendimiento del material y algunas lesiones mecánicas como fisuras notables, igualmente ha producido lesión química ya que se observa presencia de eflorescencias y lesiones biológicas debido a la presencia de organismos como hongos y moho.

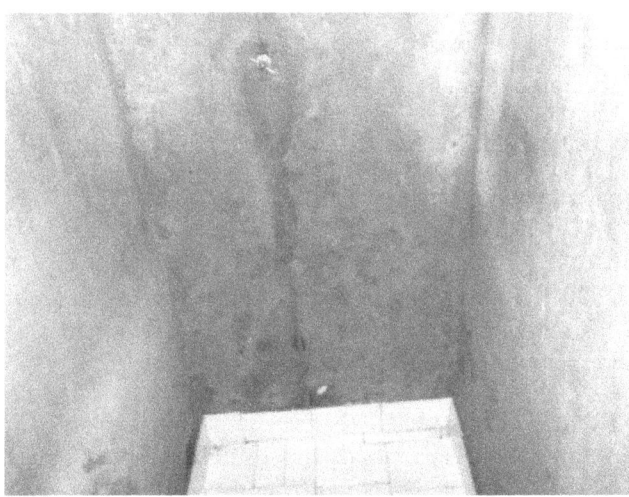

Imagen 65. Lesiones físicas detectadas en baño de vivienda familia Castillo Molina.

Imagen 66. Desprendimiento de mortero en muro.

De acuerdo a lo analizado anteriormente se puede determinar que es:

TIPO DE PATOLOGÍA: Humedad De Filtración

CARACTERÍSTICAS: Procede el exterior de la estructura, en este caso agua de la ducha.

DIAGNÓSTICO: Desprendimiento de material por lesiones causadas por humedad de filtración, esfuerzos causados por eflorescencias, organismos y el peso propio del material.

¿POR QUÉ ESTA AHÍ?: No se aplicó hidrofugo, impermeabilizantes ni enchapes cerámicos durante su construcción inicial, tampoco se realizo mantenimiento preventivo o correctivo durante su servicio.

PROPUESTA DE INTERVENCIÓN: Reparación realizando demoliciones y retiro de material afectado, limpieza y aplicación de nuevos materiales como mortero de repello, hidrófugos e impermeabilizantes, enchapes cerámicos en muros, con el fin de recuperar el estado constructivo y devolver a la unidad lesionada su funcionalidad arquitectónica y estructural original.

PATOLOGÍA DE LA CONSTRUCCIÓN

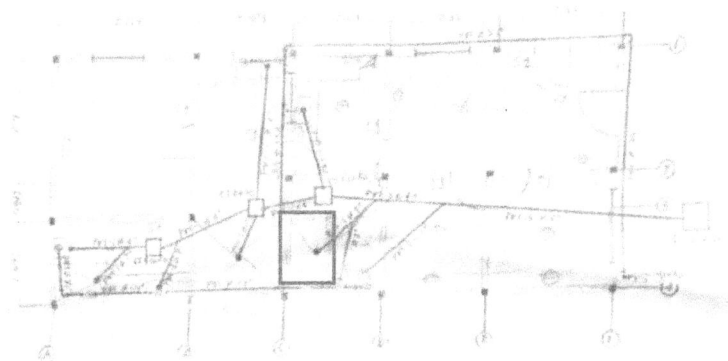

Imagen 67. Planta arquitectónica vivienda familia Castillo Molina (Baño con lesiones).

1.115 LESION QUIMICA Y MECANICA DEBIDO A OXIDACIONES Y CORROSIONES, EFLORESCENCIAS, DESPRENCIMIENTO Y EROSIONES MECANICAS.

Se detecto lesión mecánica debido a oxidación y corrosiones en el acero de refuerzo de vigas y viguetas de la losa de entrepiso de nivel 1 a nivel 2, también se detecto eflorescencias lo que indica que dicha lesión mecánica tiene origen a causa de una lesión física por humedad la cual causo eflorescencia, corrosión y oxidación del acero de refuerzo y posteriormente se presentó la desprendimiento y erosión mecánica.

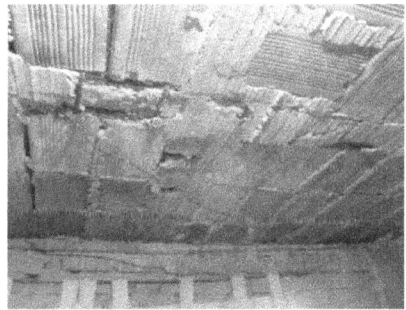

Imagen 68. Lesión mecánica por corrosión y oxidación en vigueta de losa de entrepiso.

PATOLOGÍA DE LA CONSTRUCCIÓN

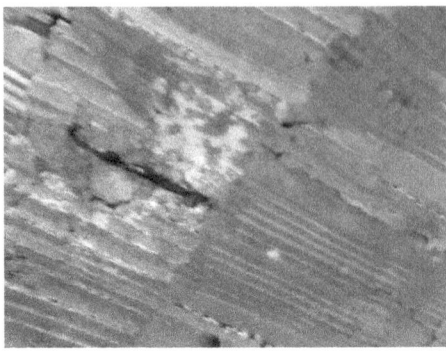

Imagen 69. Lesión mecánica por eflorescencia y oxidación en viga de losa de entrepiso.

Imagen 70. Lesión mecánica por corrosión, oxidación y desprendimiento de material.

Imagen 71. Lesión mecánica por corrosión del acero de refuerzo en vigueta de losa de entrepiso.

Imagen 72. Fisura causada por la corrosión del acero longitudinal de las vigas y viguetas de la losa de entrepiso.

Imagen 73. Fisura causada por la corrosión del acero de refuerzo.

De acuerdo a lo analizado anteriormente se puede determinar que es:

TIPO DE PATOLOGÍA: Química, Mecánica

CARACTERÍSTICAS: Lesión química que procede de sales cristalizadas bajo la superficie del material que reaccionan provocando descomposiciones que afectan a la integridad del material y reducen su durabilidad, lesiones causadas por eflorescencias, oxidaciones y corrosiones, lesión mecánica provocada por fisuras, desprendimiento del material, deformaciones, erosión mecánica el peso propio del material.

¿POR QUÉ ESTA AHÍ?: No se garantizó la buena calidad de los materiales, ni el recubrimiento adecuado del acero de refuerzo es en el momento de su construcción inicial y durante su servicio.

PROPUESTA DE INTERVENCIÓN: Reparación realizando demoliciones y retiro de material afectado, limpieza y aplicación de nuevos materiales como mortero de repello, hidrófugos e impermeabilizantes, instalar aceros de refuerzo adicional ó otras alternativas de reforzamiento como estructura metálica, cinta de fibra de carbono, con el fin de recuperar el estado constructivo y devolver a la unidad lesionada su funcionalidad arquitectónica y estructural original.

1.116 LESIÓN QUÍMICA DEBIDO A EROSIONES

Se encontró lesión química debido a erosión de los materiales en muros de la cocina, donde se encuentra que los diferentes materiales a causa de la reacción química de sus componentes con otras sustancias producen transformaciones moleculares en la superficie de los materiales de acabado provocando la erosión de estos, los materiales erosionados son pintura, estuco, mortero de repello.

Imagen 74. Lesión química de tipo erosión.

Imagen 75. Erosión de materiales debido a reacción química.

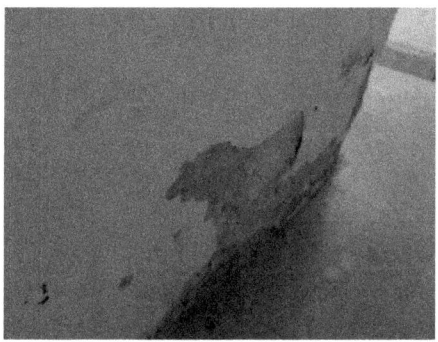

Imagen 76. Erosión de materiales de acabado de muros.

De acuerdo a lo analizado anteriormente se puede determinar que es:

TIPO DE PATOLOGÍA: Química

CARACTERÍSTICAS: Lesión química de tipo erosión causada por la reacción química de los diferentes componentes de los materiales de acabados de muros.

¿POR QUÉ ESTA AHÍ?: No se garantizó la buena limpieza, correcta dosificación de materiales de mortero de repello, calidad de los materiales, en el momento de su construcción inicial y durante su servicio.

PROPUESTA DE INTERVENCIÓN: Reparación realizando demoliciones y retiro de material afectado, limpieza y aplicación de nuevos materiales como mortero de repello, estuco y pintura con el fin de recuperar el estado constructivo y devolver a la unidad lesionada su funcionalidad arquitectónica y estructural original.

Despues de haber conocido los conceptos básicos sobre patología de la construcción debes conocer las herramientas esenciales que debe utilizar un patólogo de la construcción, a continuación, se hace una descripción sobre las herramientas y equipos mas utilizados y su descripción y justificación.

33. CAPITULO 9:

34. HERRAMIENTAS Y EQUIPO BÁSICO PARA REALIZAR UN ESTUDIO PATOLÓGICO

Las herramientas y equipos que se utilizan en una visita para realización de un estudio patológico tienen mucha importancia ya que ofrecen una imagen de confianza al cliente, además permiten recopilar los datos necesarios de manera precisa y realizar el trabajo de una forma profesional y objetiva, dejando de lado la improvisación, la inseguridad y subjetividad respecto al trabajo a realizar, de esta manera se inicia garantizando calidad en el proceso.

A continuación, se presenta la descripción y registro fotográfico de las herramientas que el autor considera importantes para la persona que ejerce el rol de Patólogo de la Construcción.

1.117 FISURÓMETRO

El fisurómetro es una herramienta mucha importancia la cual no puede faltar a la hora de realizar una inspección patológica ya que permite medir el espesor de una fisura y así se puede determinar si son microfisuras, fisuras ó grietas, igualmente permite determinar las características de estas, es decir si son leves ó peligrosas teniendo en cuenta los criterios normativos de limites de tolerancias para estas, también permite medir y cuantificar los movimientos que se producen en una fisura en función del tiempo o de la temperatura.

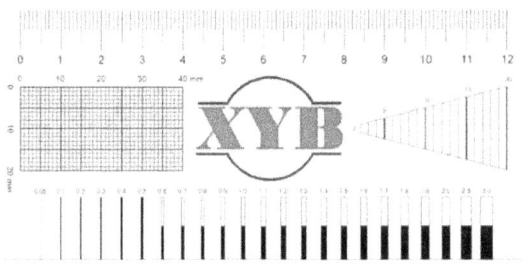

Imagen 77. Fisurómetro.

1.118 CÁMARA FOTOGRÁFICA

Una cámara de fotos, actualmente las digitales ofrecen una verdadera variedad de prestaciones, consideramos que una cámara con 5 megapixels y con un zoom óptico de 5X con flash incorporado es suficiente; una alternativa con mejores prestaciones sería 10 megapixels y un zoom óptico de 10X con flash incorporado es más que suficiente. Recordar no confundir zoom óptico con zoom digital, el primero es el que realmente produce un acercamiento sin perder definición, el segundo es tan sólo una interpolación digital pero que da un resultado de menor resolución.

Imagen 78. Cámara fotográfica.

1.119 FLEXÓMETRO

Servirá para tomar medidas de referencia de determinada importancia, es recomendable que tenga al menos 3 metros y no más de 5 metros, así se tiene un elemento muy manejable.

Imagen 79. Flexómetro.

1.120 MEDIDOR LÁSER DE PRECISIÓN

Es un instrumento digital que nos facilitará mucho el trabajo de hacer mediciones en solitario, que nos servirá para comprobar los datos que figuren en planos y aquellos que no figuran, no hay que olvidar que una de las causas de patologías en edificación es la de no ejecutar de acuerdo a planos o las reformas posteriores. Felizmente este tipo de instrumentos han bajado mucho los precios y se pueden encontrar en ferreterías de prestigio e incluso en supermercados de cierto nivel.

Imagen 80. Medidor laser de precisión.

1.121 CALIBRADOR DE VERNIER Ó PIE DE REY

Es un instrumento esencial para la medición de barras, tubos, espesores de perfiles, pernos, tuercas, etc.; recomendable sería que fuera digital, aunque para quien está acostumbrado no hay como el analógico, eso sí se necesita buena vista.

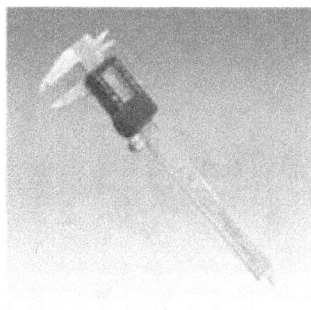

Imagen 81. Calibrador de vernier ó pie de rey.

1.122 CALCULADORA CIENTÍFICA

Es evidente que vamos a encontrarnos en la necesidad de hacer algunos números y confiar en nuestra habilidad mental, está bien pero lo profesional es evitar cualquier error. Es necesario que cuente con funciones trigonométricas porque puede ser necesario su utilización para determinar medidas en zonas inalcanzables.

Imagen 82. Calculadora científica.

1.123 BRÚJULA

La brújula nos permitirá ubicarnos correctamente respecto de las plantas superiores, también nos puede esclarecer la situación de muros y alineaciones estructurales en lugares totalmente cerrados.

Imagen 83. Brújula

1.124 NIVEL DE MANO

Debe tener mínimo 40 cm de longitud ya que nos permitirá comprobar el aplomado de estructura vertical como muros y pilares (columnas), y la adecuada nivelación de otras estructuras principales, no hay que olvidar que las deformaciones son un buen indicio de una deficiencia estructural.

Imagen 84. Nivel de mano

1.125 LINTERNA

Nos permite tener iluminación en edificaciones con espacios cerrados, tanques de almacenamiento ó sótanos, se recomienda tener a mano una buena linterna, se debe ser objetivo al observar las cosas y no ser subjetivo e improvisar imaginándose la información.

Imagen 85. Linterna

1.126 LUPA

La lupa nos permite ver esos pequeños defectos que causan grandes males, para poder leer las marcas en relieve de ciertos perfiles, una determinación más exacta del espesor de fisuras, etc.

Imagen 86. Lupa

1.127 ENCENDEDOR

El encendedor puede ser necesario en el caso de que se acaben las pilas de la linterna, puede servir de opción para iluminar.

Imagen 87. Encendedor

1.128 FERRO ESCANER

El ferro escáner es una herramienta muy avanzada para realizar auscultaciones patológicas a estructuras de concreto ya que funciona como escáner de concreto, es una herramienta muy eficaz ya que permite realizar análisis estructurales y localizar objetos empotrados en varias capas tales como aceros de refuerzo, cables, tuberías y demás elementos metálicos que se encuentren embebidos en la estructura.

Imagen 88. Ferro escaner.

Teniendo en cuenta información anterior es preciso mencionar que si el lector ha llegado hasta esta página ya está listo para iniciarse en la labor de patólogo de estructuras, ha adquirido los conocimientos y conceptos básicos para ejercer esta actividad aunque ello demanda disciplina y la adquisición de más conocimiento en el área, todo depende a que nivel se quiera llegar, es reponsabilidad de cada quien definir hasta donde quiere complementar el conocimiento adquirido ya sea a nivel de especialización, maestría ó doctorado, se agradece el tiempo de lector y se espera que la información contenida en el presente libro haya sido importante para su desarrollo profesional.

35. Conclusión

Es indispensable conocer las diferentes herramientas que están a la mano para que todo profesional en construcción, arquitectura e ingeniería pueda realizar una correcta labor en la rama de Patología De La Edificación, es también de importancia conocer el marco normativo que encierra este campo.

.

36. Recomendaciones

Se recomienda tener en cuenta la aplicación de la normatividad legal vigente a nivel regional y nacional en materia de Patología De La Edificación ya que es de vital importancia para ejercer y aplicar dichas metodologías requeridas por ley en nuestra profesión de Constructor en Arquitectura e Ingeniería.

37. Bibliografía

BROTO. (2019). *ENCICLOPEDIA BROTO DE PATOLOGIAS DE LA CONSTRUCCION*. Madrid, España.

Ministerio De Ambiente, Vivienda y Desarrollo Territorial, Comision Asesora Permanente Para El Regimen De Construcciones Sismo Resistentes. (2010). *REGLAMENTO COLOMBIANO DE CONSTRUCCION SISMO RESISTENTE NSR-10*. (A. C. AIS, Ed.) Bogota DC., Cundinamarca, Colombia: Asociacion Colombiana De Ingenieria Sismica AIS.

Rincon Molina, A. (2019). *PATOLOGIA DE LA EDIFICACION. Anotaciones de Clases y Tutorías.* Cali, Valle del Cauca, Colombia: Universidad Santo Tomas de Aquino "USTA" CAU Cali, VUAD "Vicerrectoría de Universidad Abierta y a Distancia". Facultad de Ciencias y Tecnologías.

Sanchez De Guzman, D. (2018). *DURABILIDAD Y PATOLOGÍA DEL CONCRETO - SEGUNDA EDICIÓN* (2 ed.). Bogota D.C., Cundinamarca, Colombia: ASOCRETO.

38. Webgrafía de apoyo

VIDEO CONFERENCIA1 HISTORIA CLINICA Y DIAGNOSTICO, ING. GERMAN ANDRES MOLINA GONZALEZ *Recuperado de*: https://us.bbcollab.com/collab/ui/session/playback/load/7deaf12d2fd344a6b79361d132e2a4a7?name=Patolog%C3%ADa%20de%20la%20Edificaci%C3%B3n%20-%20recording_1

VIDEO CONFERENCIA 2 ESTUDIO PATOLOGICO, ARQ. LILIANA PATIÑO LEON *Recuperado de*: https://us.bbcollab.com/collab/ui/session/playback/load/09c934a341b04327a1701cc51f70aa48?name=M%C3%89TODOS%20VALUATORIOS%20-%20recording_2

39. Anexos

- Ninguno

40. Apéndice

Un profesional en Construcción, Arquitectura e Ingeniería necesita herramientas que le faciliten el trabajo para desempeñarse óptimamente en su campo, se requiere el conocimiento y competencias necesarios sobre Patología De La Edificación en los proyectos constructivos para así aplicar mediante su capacidad crítica y analítica posteriormente en su campo de ocupación.

41. Acerca del Autor

Andersson Rincón Molina, Tecnólogo en Construcción SENA (2013), Especialista en Supervisión Técnica de Obras SENA (2016-Actualmente), Profesional en Construcción en Arquitectura e Ingeniería Universidad Santo Tomas (Actualmente).

X _____
Andersson Rincon Molina

www.ingramcontent.com/pod-product-compliance
Lightning Source LLC
Chambersburg PA
CBHW050008230526
45465CB00003BB/1318